地下金属矿山采场围岩声发射信号混沌辨析及其灾变预警分析

左红艳　著

中国水利水电出版社
www.waterpub.com.cn
·北京·

内 容 提 要

本书以国家自然科学基金项目和国家“十一五”科技支撑计划课题为依托，重点对地下金属矿山采场围岩声发射信号分类辨识、地下金属矿山采场围岩声发射信号降噪处理、地下金属矿山采场围岩声发射信号混沌特性研究、地下金属矿山采场围岩声发射信号影响特性关联分析和基于声发射信号的地下金属矿山采场围岩失稳灾变预警分析等进行了研究，其研究结果可为有效地减小因安全事故带来的损失、降低安全管理费用和生产成本、提高我国金属矿资源企业开采盈利水平提供理论基础与技术保障。

本书的读者以矿业工程、安全科学及工程和管理科学与工程等领域的科研工作者为主，也可供高等院校相关领域的教师、研究生参考。

图书在版编目（CIP）数据

地下金属矿山采场围岩声发射信号混沌辨析及其灾变预警分析 / 左红艳著. -- 北京 : 中国水利水电出版社, 2022.7

ISBN 978-7-5226-0769-6

Ⅰ. ①地… Ⅱ. ①左… Ⅲ. ①金属矿开采－地下开采－围岩－声发射－信号分析 Ⅳ. ①TD853

中国版本图书馆CIP数据核字(2022)第105247号

书　名	**地下金属矿山采场围岩声发射信号混沌辨析及其灾变预警分析** DIXIA JINSHU KUANGSHAN CAICHANG WEIYAN SHENGFASHE XINHAO HUNDUN BIANXI JI QI ZAI BIAN YUJING FENXI
作　者	左红艳　著
出版发行	中国水利水电出版社 （北京市海淀区玉渊潭南路 1 号 D 座　100038） 网址：www. waterpub. com. cn E - mail：sales@mwr. gov. cn 电话：(010) 68545888（营销中心）
经　售	北京科水图书销售有限公司 电话：(010) 68545874、63202643 全国各地新华书店和相关出版物销售网点
排　版	中国水利水电出版社微机排版中心
印　刷	清淞永业（天津）印刷有限公司
规　格	170mm×240mm　16 开本　9.75 印张　191 千字
版　次	2022 年 7 月第 1 版　2022 年 7 月第 1 次印刷
定　价	**58.00** 元

前言

随着经济全球化的飞速发展，我国金属矿资源市场早已融入国际金属矿资源市场。世界金属矿资源市场的需求变化与价格波动及国际金属矿资源开采形势的发展，对我国金属矿资源开采企业的影响巨大。因此，我国金属矿资源企业在市场需求与价格竞争等方面面临着前所未有的挑战。如何有效地减小因安全事故带来的损失，降低安全管理费用和生产成本，是我国金属矿资源企业提高金属矿资源开采盈利水平的关键因素。

声发射技术、混沌理论、灾变理论和人工智能技术等非线性理论与方法有助于进一步认识地下金属矿山采场围岩失稳灾变过程复杂现象背后所隐藏的本质规律，为地下金属矿山采场围岩失稳复杂现象的识别以及地下金属矿山采场围岩失稳灾变预警预报提供科学支持，在有效地减小因安全事故带来的损失、降低安全管理费用和生产成本方面具有明显的优势，可望为我国金属矿资源企业开采盈利水平提高提供理论基础与技术保障。

为此，本书以国家“十一五”科技支撑计划课题——金属矿大范围隐患空区调查及事故辨识关键技术研究（2007BAK22B04－12）和国家自然科学基金项目——金属矿山采场冒顶声发射信号混沌辨析及其智能预报研究（51274250）为依托，重点对地下金属矿山采场围岩声发射信号分类辨识、地下金属矿山采场围岩声发射信号降噪处理、地下金属矿山采场围岩声发射信号混沌特性研究、地下金属矿山采场围岩声发射信号影响特性关联分析和基于声发射信号的地下金属矿山采场围岩失稳灾变预警分析等进行了研究。

应该指出，地下金属矿山采场围岩声发射信号混沌辨析与预警分析是一门涉及信息科学、矿业科学、管理科学、安全科学与工程和人工智能科学的复合型学科，是一个正处于发展中的研究方向，其工程应用领域十分宽广，因此，许多问题有待于进一步研究和探索，对其进行完整和系统的研究是一项艰巨而又困难的工作，难免存在不当之处，因此，本书仅仅在某种程度上起到抛砖引玉的作用，同时也希望有更多的科技工作者参加到地下金属矿山采场围岩声发射信号混沌辨析及其灾变预警分析的研究中来，以推动它的进一步发展。

著者

2021年12月18日

目录

前言

第1章 绪 论

1.1 研究背景与研究意义

矿产资源属于非可再生资源，它决定着一个国家的经济实力和发展潜力[1,2]。据统计，我国95%以上的一次能源、80%左右的工业原料和70%以上的农业生产资料均来自矿产资源[3,4]。经济学家认为，当人均国内生产总值（GDP）在1000～2000美元时，该国将处于工业化阶段，这是资源消耗强度最大的时期。据统计，2017年我国人均GDP接近7000美元，2018年我国人均GDP接近10000美元，而2021年我国人均GDP为12551美元，已经超过了世界人均GDP水平（2021年世界人均GDP为1.21万美元左右）。进入21世纪10年代以来，我国已进入工业化和城镇化高速发展阶段，钢铁、有色金属等原材料资源消耗快速增加[5,6]。此外，钢铁、有色金属等需求量将随“双碳”目标实施和实现而将大幅增长，故钢铁、有色金属等原材料资源消耗强度也将进入高峰期[7-10]。

由于金属矿产品需求量的快速增长和资源量的不足，我国金属矿业凸显两大矛盾：①金属矿山消失过快，矿产品供需矛盾加剧；金属矿山发展落后于有色金属工业的整体发展水平[11,12]，导致金属矿产品供需矛盾加剧；②采矿科技相对落后，矿产资源远未充分开发；矿山的技术装备水平总体落后，80%的矿山仍处在20世纪90年代末期的装备水平和科技水平，并具有采矿规模小、效率低和管理粗放等显著特征[13-15]。

由于长期开采，我国埋藏在浅部的金属矿床资源已接近枯竭。为满足国民经济和社会可持续发展的需求，在海洋和极地矿床大规模开采还没成为现实的情况下，必须加快对深部资源的勘探和开发利用，深井开采已呈必然趋势。因此，如何实现安全、高效大规模开发深部金属矿产资源，已经成为我国金属矿山绿色可持续发展所面临的重大前沿课题[7,16,23]。

与此同时，围岩失稳导致的顶板冒落伤亡率高居我国金属矿山五大伤亡事故之首[24,25]。其原因可能包括地下金属矿山采场围岩失稳机理不明晰，监测预报方法及其技术落后。

为解决这一问题，科研人员对地下金属矿山采场围岩失稳预测进行了大量的模型理论和试验研究[25-29]。实践证明，在各种采场围岩失稳预测方式中，如图1.1所示的声发射监测技术，对于地下金属矿山采场围岩失稳灾变预报（特别是对具体围岩失稳方位的定位和及时预报）并结合地质条件综合分析是一种行之有效的科学方法[30-35]。因此，声发射监测技术在地下金属矿山采场围岩失稳灾变预测中具有较为明显的优势。

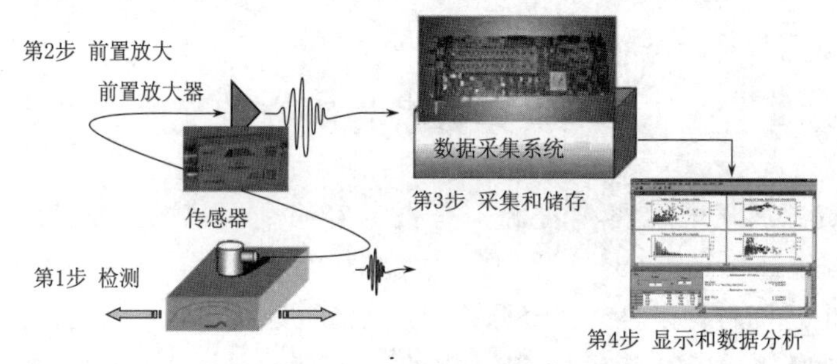

图1.1 声发射监测技术

但是，建立相对比较完善且密集的声发射测试网在很多情况下既不经济，也不符合实际，毕竟地下金属采矿作业的动态性很强，有时所测试的只是临时值，并且什么样的声发射信号对应着地下金属采矿时岩石的破坏，以及如何确定地下金属矿山采场围岩失稳前兆的临界值都是灾害预测亟待解决的关键问题。

从地下金属矿山采场围岩声发射信号动力学系统的本质上讲，它是一个非线性分布参数的连续时间系统，并且其系统参数乃至结构随信号对应着地下金属采矿岩石的破坏时的岩性和水文地质条件的不同，而处在不断变化之中。这样，从线性系统的角度理解，地下金属矿山采场围岩声发射信号动力学系统，必然导致在地下金属矿山采场围岩失稳灾变预测研究上存在着较大程度的局限性的现象。

综上，有必要寻找一种既符合实际又行之有效地控制及预测方法。地下金属矿山采场围岩声发射信号混沌辨析及其灾变预警研究问题，是在对金属矿山采场围岩声发射信号动力学系统进行混沌辨析研究的基础上，再采用人工智能方法与灾变理论相结合的方法，对地下金属采场围岩失稳灾变进行较精确预报，是安全工程与信息领域的交叉课题，其研究具有重要意义，分述如下：

（1）通过地下金属矿山采场围岩声发射信号动力学系统进行地下金属矿山采场围岩失稳机理辨析研究，有助于进一步认识地下金属矿山采场围岩失稳灾变过程复杂现象背后所隐藏的本质规律，一方面是含噪声地下金属矿山采场围岩声发射信号降噪处理研究；另一方面是地下金属矿山采场围岩声发射信号混沌辨析机理等基础性研究。这将为地下金属矿山采场围岩失稳复杂现象的识别以及地下金属矿山采场围岩失稳灾变预警预报提供科学支持。

（2）采用灾变理论和人工智能方法相结合的方法，研究地下金属矿山采场围岩声发射信号随时间变化的预测规律，这将对地下金属矿山采场围岩失稳灾变预警系统开发及其成功应用具有很大的学术价值。

总之，研究成果在掌握地下金属采场围岩声发射信号动力学系统混沌内在发生机制及其采场围岩失稳灾变智能预警模型建立方面，具有重大的理论意义和广阔的工程实用价值。

1.2 声发射技术概述

所谓声发射，是指材料中局域源快速释放能量产生瞬态弹性波的物理现象。尽管大多数材料变形和断裂时伴随着声发射现象，但由于许多材料的声发射信号强度弱小，致使人们需要借助灵敏的仪器设备才能将其检测出来。而采用仪器探测、记录、分析声发射信号和利用声发射信号推断声发射源的技术统称为声发射技术[36-38]。

1.2.1 声发射检测的优点

与其他常规无损检测方法不同，声发射检测的优点主要包括：①声发射探测到的能量来自被测试物体本身，不像超声探伤方法或射线探伤方法那样需要外在电源提供能量；②能探测到外加结构应力下线性缺陷的活动情况，而稳定缺陷一般不产生声发射信号；③能够整体探测和评价整个结构中活性缺陷的状态；④可提供活性缺陷随载荷、时间和温度等外变量而变化的实时或连续信息，适用于过程在线监控及早期或临近破坏预警预报；⑤适于无损检测方法难于或不能接近环境下的检测，如高低温、核辐射、易燃、易爆及极毒等环境；⑥可缩短在役使用设备检验的停产时间或者不需要停产；⑦可预防由未知不连续缺陷引起设备加载试验的灾难性失效和限定设备加载试验系统的最高工作载荷；⑧适于检测其他方法受到限制的几何形状不敏感形状复杂的构件。

1.2.2 声发射检测的物理基础

（1）凯赛尔效应。1963 年，德国学者凯赛尔在研究金属声发射特性时发现材料被重新加载期间，在应力值达到上次加载最大应力之前不产生声发射信号。在多数金属材料和岩石中，可观察到明显的凯赛尔效应（图 1.2）。凯赛尔效应在声发射检测技术中具有很重要的用途，主要包括：①在役构建新生裂纹的定期过载声发射检测；②岩体等原先所受最大应力的检测；③疲劳裂纹起始与扩展的声发射检测。

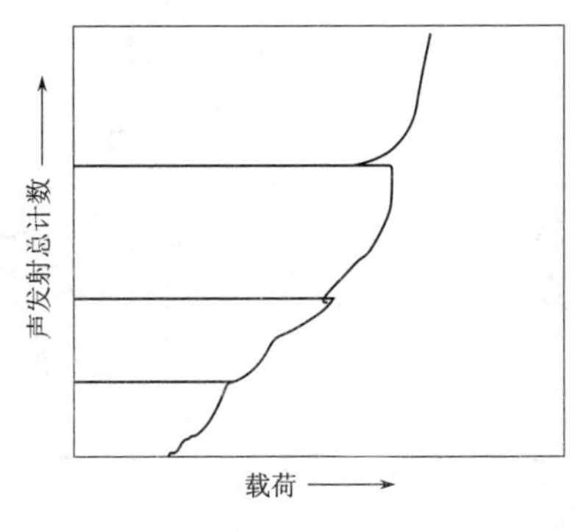

图 1.2 凯赛尔效应

(2) 费利西蒂效应。在重复加载前，如产生新裂纹或其他可逆声发射机制，凯赛尔效应则会消失。材料重复加载时，重复载荷到达原先所加最大载荷前发生明显声发射的现象，称为费利西蒂效应，也可以认为是反凯赛尔效应（图 1.3）。重复加载时的声发射起始载荷 F_1 对原先最大载荷 F_2 之比，称为费利西蒂比。

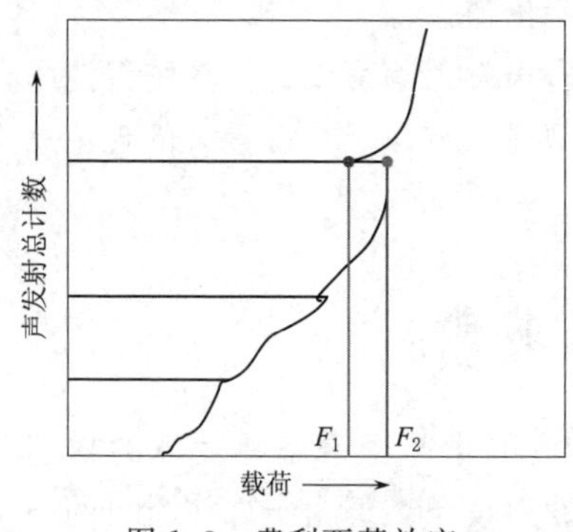

图 1.3 费利西蒂效应

费利西蒂比作为一种定量参数，能够较好地反映材料中原先所受损伤或结构缺陷的严重程度，已成为缺陷严重性的重要评定判据：①费利西蒂比大于 1 表示凯塞效应成立，而小于 1 则表示费利西蒂效应成立；②费利西蒂比作为一种定量参数，较好地反映材料中原先所受损伤或结构缺陷的严重程度，已成为缺陷严重性的重要评定判据；③一般情况下，费利西蒂比越小，表示原先所受损伤或结构缺陷越严重。树脂基复合材料等黏弹性材料，由于具有应变对应力的滞后效应而使其应用更为有效；④在一些复合材料构件中，以费利西蒂比小于 0.95 作为声发射源超标的重要判据。

(3) 衰减。所谓衰减是指声发射信号的幅值随着离开声源距离 d 的增加而减小（图 1.4），对于声发射检验来说，衰减是确定传感器间距的关键因素。

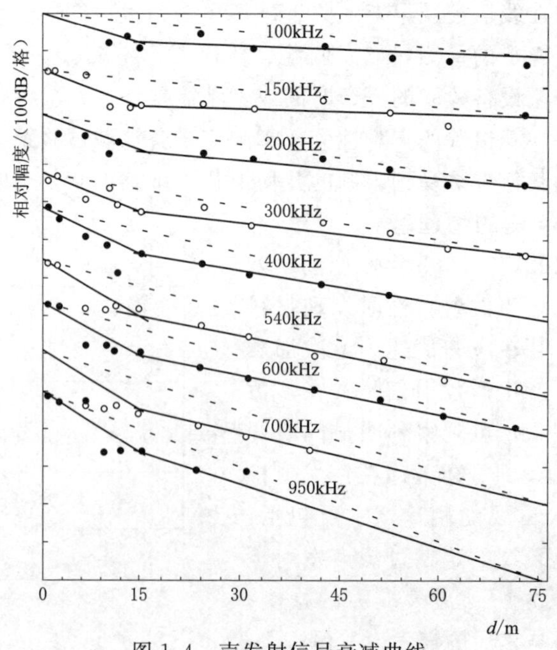

图 1.4 声发射信号衰减曲线

传播衰减的大小关系到每个传感器可检测的距离范围，在源定位中成为确定传感器间距或工作频率的关键因素。为减少声发射信号衰减的影响而常采取的措施包括降低传感器的频率或减小传感器间距。

引起声发射波衰减的原因主要包括：①几何扩展衰减，由于声发射波从波源向各个方向扩展，从而随传播距离的增加，波阵面的面积逐渐扩大，使面积上的能量逐渐减少，造成波的幅值下降；②材料吸收衰减，波在介质中传播时，由于质点间的内摩擦和热传导等因素，部分波的机械能转换成热量等其他能量，使波的幅度随传播距离以指数式下降；③散射衰减，波在传播过程中，遇到不均匀声阻抗界面时，发生波的不规则反射，使波源原传播方向上的能量减少。粗晶、夹杂、异相物、气孔等是引起散射衰减的主要材质因素。

1.2.3 声发射信号的种类

声发射信号主要包括突发型声发射信号和连续型声发射信号，如图1.5所示。

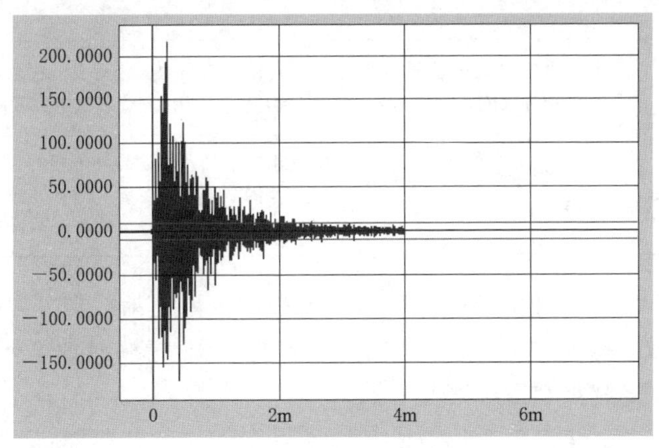

(a) 突发型

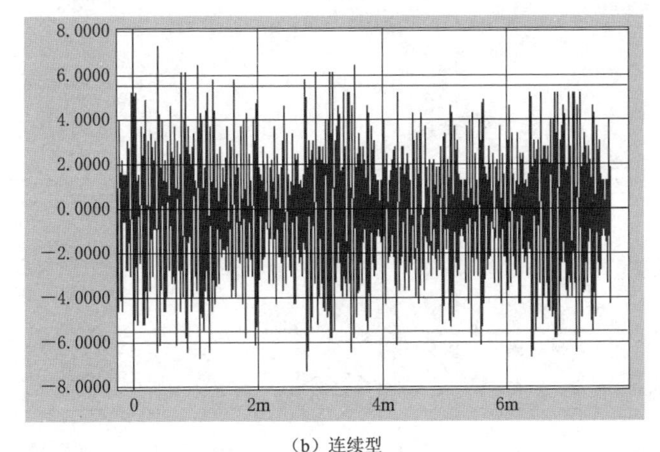

(b) 连续型

图1.5 声发射信号种类

(1) 所谓突发型声发射信号是指断续的且在时间上可以分开的声发射信号，如图 1.5 (a) 所示。一般地，裂纹扩展和断铅等声发射信号都是突发型声发射信号。

(2) 所谓连续型声发射信号是指大量同时发生且在时间上不可分辨的声发射信号，如图 1.5 (b) 所示。一般地，流体泄漏和金属塑性变形等声发射信号属于连续型声发射信号。

1.2.4 声发射信号的参数

连续型声发射信号的参数主要包括均方根 (Root Mean Square，RMS) 和平均信号电平 (Average Signal Level，ASL)，其含义、特点和用途见表 1.1。

表 1.1 连续型声发射信号参数含义、特点和用途

参数	含义	特点和用途
均方根	采样时间内信号电压的均方根值，以 V 表示	与声发射信号的大小有关，测量简便，不受门槛的影响，主要用于连续型声发射信号评价
平均信号电平	采样时间内信号幅度的均值，以 dB 表示	提供的信息和用途与均方根相似，尤其对幅度动态范围要求高而时间分辨率要求不高的连续型信号有用，也用于背景噪声水平的测量

如图 1.6 所示，突发型声发射信号的参数主要包括门槛、幅值、能量计数、振铃计数、持续时间和上升时间等，撞击计数、事件计数等突发型声发射信号参数含义、特点和用途见表 1.2。

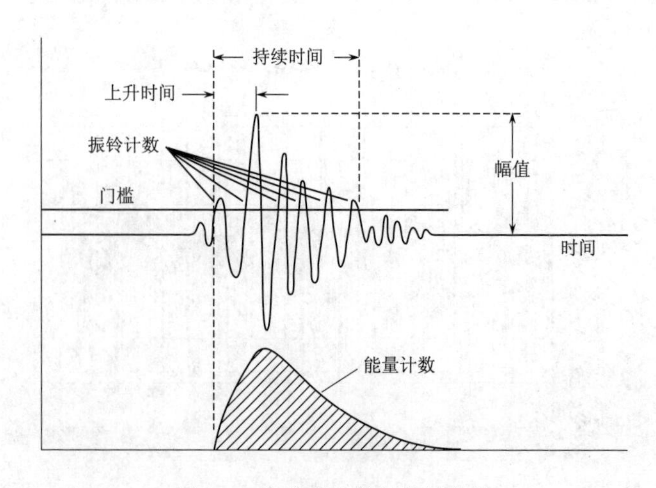

图 1.6 突发型声发射信号参数

表 1.2 突发型声发射信号参数含义、特点和用途

参数	含 义	特 点 和 用 途
撞击计数	超过门槛并使某通道获取数据的任何信号称之为 1 个撞击，可分为总计数和计数率	反映声发射信号的总量和频度，常用于声发射活动性评价
事件计数	产生声发射的一次材料局部变化称之为 1 个声发射事件，可分为总计数和计数率	反映声发射事件总量和频率，用于声发射源的活动性和定位集中度评价
幅值	声发射信号波形的最大振幅值，通常用 dB 表示（传感器输出 1μV 为 0dB）	与声发射事件大小有直接关系，决定声发射事件的可测性，常用于声发射波源类型鉴别、强度及衰减的测量
能量计数	声发射信号检波包络线下的面积，可分为总计数和计数率	反映声发射事件的相对能量或强度。对门槛、工作频率和传播特性不甚敏感，可取代振铃计数，也用于波源的类型鉴别
振铃计数	当 1 个声发射事件撞击传感器时，使传感器产生振铃，越过门槛信号的振荡次数，可分为总计数和计数率	信号处理简便，可粗略反映信号强度和频率，广泛用于声发射信号活动性评价，但受门槛值影响
持续时间	声发射信号第 1 次越过门槛至最终降至门槛所经历的时间间隔（s）	与振铃计数很相似，常用于特殊波源类型和噪声的鉴别
上升时间	信号第 1 次越过门槛至最大振幅所经历的时间间隔（μs）	受传播的影响而其物理意义变得不明确，有时用于机电噪声鉴别

1.3 声发射技术的国内外发展状况

声发射检测是利用仪器探测、记录和分析来自材料内部缺陷的声发射信号，并据此来推断、识别声发射源的性质和类型，是集传感器技术、计算机技术、电子技术、测试技术和信息处理技术为一体的综合技术[39]。

1.3.1 声发射信号处理系统研究

1937 年，美国杰克逊提出研究该现象的建议，奥伯特（Obert）和杜瓦尔（Duvall）在矿山进行研究，检测到了声发射，并于 1940 年预报了岩爆的来临。从 20 世纪 50 年代至今，声发射检测走过了一个从无到有，从单一到全面，从实验室到工业现场，从技术研究到产品化应用的过程[40]。特别是近年来，新型信息处理技术的飞速发展和成熟，有力地促进了声发射检测技术及仪器的跳跃式发展。

1965 年，美国 Dunegan 公司推出第 1 台声发射商用检测仪器，为声发射技术从实验室走向现场应用创造了条件。此后在 40 多年的发展过程中，声发

射的硬件技术经历了模拟式声发射系统、模拟数字式声发射系统和全数字式声发射系统三个阶段[41-44]。除通用的声发射系统外，一些具有专业化用途的声发射仪器陆续推出，例如，PAC 公司开发了基于 Disp 硬件技术的用于注塑过程在线质量监测的专用声发射系统；基于 PCI－2 系统用于冲压过程在线监测的 PPMS 系统；基于 SAMOS™ 系统 8 通道声发射卡 PCI－8 硬件技术的 LoosePart，该系统用于核电站脱落与松动部件及泄漏评估。这些系统均为满足不同应用需求的专用声发射系统。

我国则从 1973 年起开始有关声发射仪的研究工作。20 世纪 70 年代初，沈阳电子研究所研制出了我国第一台单通道用于金属材料拉伸声发射参数研究，之后又陆续研制了 4 通道声发射仪和多种专用声发射仪。20 世纪 80 年代初，长春试验机研究所开发了采用微处理计算机控制的 36 通道声发射源定位系统及旋转机械声发射故障诊断系统。20 世纪 90 年代以来，基于计算机技术的声发射系统陆续问世，1995 年劳动部锅炉压力容器检测中心研制出基于 PC－AT 总线和 Windows 界面的多通道（2～64 通道）声发射检测分析系统；2000 年广州声华科技有限公司的全波形数字化多通道声发射检测系统，采用插卡结构，通过主机信号分析软件完成声发射信号分析和定位等功能。

综上所述，国内外的声发射信号处理系统在硬件技术上都经历了从模拟到数字、从单通道向多通道发展的过程，软件功能上也从单纯的参数分析过渡到参数分析和波形分析并存的现状，正朝着检测更加自动化、图像化和计算机化的方向发展[45]。

1.3.2 声发射信号分析与识别技术

声发射信号分析与识别技术所涉及的内容十分广泛，而且技术复杂程度差异性也很大，既可以采用最简单的特征量作为分析参数，也可以构建一个十分复杂的神经网络分析系统或专家系统。在声发射信号分析与识别技术方面，除被普遍采用的经典声发射信号参数分析技术之外，目前开展的波形分析技术、小波分析技术和模式识别技术等方面的研究，已成为主流的研究方向。

1. 参数分析技术

由于受声发射仪器的信号采集和处理能力限制，早期的声发射信号分析采用的主要是参数分析方法。典型的声发射信号参数包括幅值、振铃计数、持续时间、能量计数、门槛电压值、到达时间、撞击计数等。在声发射应用的各个领域，人们根据多年的实践经验，在对声发射参数进行分析的基础上建立了声发射参数的表征和映射关系。早在 20 世纪 60 年代初，美国航空通用公司就用能量、幅度、频率等参数，成功地检测了北极星导弹的火箭发动机玻璃钢壳体在加压试验时裂纹的发生、发展情况[46]。此后，Egle 等[47]描述了声发射源发出的纵波和弯曲波的幅度和能量，估算出弯曲波部分的能量与纵波具有二阶关系；为了对焊接过程中缺陷的严重性进行声发射评价，Prine 等[48]对几种钢和结构材料进行解剖，并采用金相方法测量了裂纹的尺寸，结果发现声发射总计数参数与裂纹大小之间存在着密切的关系；Landis 等[49]研究了声发射信号的到达时间，并以此来判断声发射源的位置；Rice 和 Ravindra 等[50,51]利用刀具切削过程中声发射信号的能量分布关系分别预测了刀具裂纹扩展程度，同时对刀具的工作状况进行了监测；Paulo 等[52]则用包括有效值、能量和均值偏差的声发射参数来衡量研磨过程中的热损耗，通过试验证明均值偏差和能量参数比有效值参数敏感。

经典的参数声发射信号分析方法，目前在声发射检测中得到广泛应用，美国的 ASTM 和 ASME 标准，以及我国的《金属压力容器声发射检测及结果评价方法》（GB/T 18182—2012）等都是以声发射的参数来进行监测对象的无损评价和安全性评价，且几乎所有声发射检测标准对声发射源的判据均采用简化波形特征参数。随着工程实践的需求和声发射技术应用研究的深入，在沿用传统意义上的声发射参数基础上，发展了一些新型的参数分析方法，或根据需要定义一些新的参数，或运用一些现代信号处理手段去发现参数间内在的规律和特征的关联性。例如，真实三轴应力下煤水力劈裂声发射波形特征[53]、用合适的有限元模型研究声发射作用下的层状复合材料板性能[54]、采用能量、持续时间、幅值和计数等常规参数，进行神经网络和灰色关联分析，可成功区分金属压力容器内产生的几类声发射信号。由于参数分析方法具有简单直观、易于理解和测量的优点，所以在声发射检测中得到了极其广泛的应用，对声发射技术标准化、商业化起到了重要推动作用[55]。但是该方法存在着一定的不完备性，一些研究者对参数的取舍存在较大的随意性，而且声发射参数只是对声发射信号波形的某个或某些特征的描述，据此表征整个声发射源的特征有其局限性，这也是影响到声发射技术发展的一个重要因素。

2. 波形分析技术

波形分析是通过分析声发射信号的时域波形或频谱特征来获取信息的一种信号处理方法。理论上讲，波形分析应当能给出任何所需的信息，因而波形也是表达声发射源特征最精确的方法，并可获得信号的定量信息。因此，早在声发射技术发展初期，人们就已经意识到了波形分析在声发射源识别及被测对象评价中的重要作用，并进行了大量的研究，虽然在 20 世纪 70 年代初也取得过一定的成功[56]，但是由于检测仪器硬件达不到采集、实时处理和波形存储的要求，另外相应的信号处理手段还不够完善，一直制约着声发射波形分析技术的发展。早期的声发射传感器均为谐振式传感器，其相当于一个频率等于传感器谐振频率的窄带滤波器，大量同波形有关系的信息被滤除，对其采集到的声发射信号进行频谱处理，这个时期的波形分析主要是采用傅里叶变换的频谱分析技术，由于分析的信号本身是窄带信号，因此不是真正意义上的波形分析，所以也很难获得比参数分析更多的信息。直到宽带、高灵敏度声发射传感器的出现以及模态声发射理论的提出[57]，波形分析方法才再度兴起，展开了一系列研究并取得一些研究成果[58-65]。进入 21 世纪，随着现代信号处理技术的发展，更多的先进处理方法，如小波分析、模式识别、统计理论、分形理论等开始应用于声发射波形信号的特征分析，使波形分析逐渐发展成声发射源特征获取的主要方法[66,67]。

从波形分析技术的发展角度分析，该技术实际上也经历了两个阶段：早期的波形分析阶段和现代的波形分析阶段。早期的波形分析基于窄带声发射传感器技术，分析的方法也仅限于在时域进行波形分析，或者将声发射信号进行傅里叶变换后在频域进行的传统谱分析。而现代的波形分析则是基于宽带声发射传感技术之上，除了具有硬件技术的优势外，还得益于模态声发射理论的发展，因此陆续在声发射信号的特征分析[68]，声发射源定位[69]和自动识别[70]等方面取得了一些研究进展。但是到目前为止，这些研究大部分都是停留在实验室模拟声发射信号展开的，要实现现代的波形分析实用化可能还需要相当长的一个过程。在计算机软硬件技术飞速发展的今天，尤其是全波形声发射采集仪器的问世，为波形的分析研究提供了良好的硬件基础条件，因此充分运用小波分析、模式识别和统计学习理论等现代信号处理方法，提取波形中隐含的信息以获得对声发射源的解释，必将对声发射技术的发展起到积极和关键推动作用。小波分析和模式识别是目前的声发射信号波形分析的主要方法，它们在声发射信号特征分析、声发射源的定位和识别等方面的应用是声发射信号处理技术中需要重点研究的问题。

3. 小波分析技术

在小波分析应用于声发射信号处理前，谱分析是声发射信号处理最常采用的一种波形分析方法，利用傅里叶变换在频域中研究声发射信号各种特征，以获取识别声发射源的本征信息。近 10 年来，人们在频谱分析方面在各个应用领域做了大量的探索，也取得了许多有价值的成果[71,72]。但是频谱分析针对的是周期性平稳信号，是一种全局分析方法，忽略了局部信息变化。而声发射信号属于非平稳随机信号，对其进行分析时，局部细节特征信息特别重要，由此可见，利用频谱分析声发射信号特征也存在一定的局限性。

20 世纪 80 年代初以来，小波分析已经在分形、图像处理信噪分离、语音信号处理、信号特征提取和故障诊断等方面得到了广泛的应用。小波分析在时域和频域同时具有良好局部分析特性，从理论上讲，该方法较傅里叶分析更适合于声发射信号特征的研究。将小波引入声发射信号分析领域是在 20 世纪 90 年代，在对复合材料微观破坏模式的声发射信号进行研究中，Suzuki 等[73]分别采用快速傅里叶变换、短时傅里叶变换和小波变换三种分析方法，对比分析的结果表明小波分析可以提供更多的声发射源信息。Gang 等[74]将碳纤维复合材料声发射信号进行离散小波分解研究其特性。崔岩等[75]将小波分析用于非连续增强金属复合材料界面声发射特征研究。此后，小波分析技术被广泛应用于声发射各种领域，如 Jeong 等[62,76]用小波分析研究复合材料板及构件声发射波的传播特性；Chen 等[77]将小波分析应用到焊接检测；Ni 等[74]研究了小波在单纤维合成物破坏时声发射信号处理中的应用；Jiang[78]将小波分析技术用于声发射信号去噪；Tomasz 等[79]将小波分析用于局部放电产生的声发射信号研究；李晓梅等[80]通过小波分析技术包变换求取柔性波群速度的到达时间，并据此对声发射源进行定位；Sung 等[81]利用小波分析技术对复合材料板中的结构损伤进行了监控；何建平和金解放等[82,83]分别研究了小波分析技术在岩石声发射信号波形特征和信号处理中的应用。

小波分析技术给声发射信号处理技术带来了新的生机，大量关于小波分析技术在声发射信号处理中的研究成果报道表明[84-89]，它在声发射信号去噪、特征提取、声发射源的定位和识别研究中被广泛采用，说明小波分析技术是目前研究声发射信号的有效方法。随着已有的小波和小波包分析方法在信号处理领域应用的不断深入，以及新的第 2 代小波“提升法”理论的提出，小波分析理论在声发射信号处理中将会得到更为广泛、深入的应用。但是同时也应该看到，由于声发射检测技术是一门实用性技术，现有的很多声发射小波分析研究仍处于实验室研究阶段，因此目前声发射信号小波分析的研究目标和发展方向就是如何把小波分析引入到声发射检测工程中，解决实际工程问题。工程应用与实验研究一个很大差别是前者存在更多的各种噪声干扰，根据声发射信号的特点，利用小波分析的信噪分离和良好的时频局部化特性，加之结合其他信号处理手段，可以构建有效的声发射信号噪声剔除和信号特征信息提取算法，实现对声发射源更精确的定性、定量和定位分析，因此研究基于小波分析的声发射信号去噪方法是声发射信号处理技术的一项重要研究内容。

4. 模式识别技术

模式识别是 20 世纪 60 年代初发展起来的新技术，现已广泛应用遥感数据分析、自动视觉检测、机械设备故障监测、医学数据分析、文字识别、语言识别等领域。声发射信号分析和处理领域的模式识别的应用始于 20 世纪 80 年代，1982 年，Melton[90]采用自回归（AR）模型和前 2 个自回归系数对声发射波形信号进行分析。1983 年，Graham 等[91]应用模式识别技术对飞机结构疲劳裂纹增长产生声发射信号波形的频谱进行分析，提取功率谱中的 7 个特征参量构成 7 维矢量，用于疲劳裂纹增长信号和裂纹面的摩擦信号识别。随后 Ohtsu 和 Ono 等[92-95]同样采用 AR 模型对钢和复合材料断裂的声发射、焊接过程的声发射以及磁声发射信号进行了大量研究，结果表明，AR 模型采用有限数据量的系数即可以描述声发射信号的功率谱，并可以由此进行很好的声发射源模式识别分析。1989 年，Chan[96]采用 AR 模型和功率谱对压力管道泄漏和裂纹扩展的声发射信号进行识别，可以从声发射信号功率谱中抽取 108 个特征应用 K 值最近邻方法对 5～10 个特征进行模式识别。在金属压力容器声发射源模式识别分析方面，国内学者刘时风[72]在其博士论文中对典型焊接缺陷的声发射信号进行经典的和现代谱估计模式识别分析，得出了一些有意义的结论。此后陆续有学者将人工神经网络应用于压力容器声发射信号模式识别[97,98]。

上述研究都是基于波形分析技术展开的，这主要是因为利用常规参数进行特征提取时，对于有些材料无法得到用于分类的特征信息，应用幅度、平均频率、持续时间等常规声发射参数，对复合材料和土模工程结构等声发射信号进行模式识别分析，结果发现部分信号的类别可以分开，但对复合材料结构模式识别结果不理想[99-101]，其原因是来自复合材料的不同声发射源的大部分常规信号重叠，故波形分析方法更适合于复合材料结构的模式识别。

模式识别主要包括信号预处理，特征或基元提取和模式分类等过程。其中预处理是滤除干扰和噪声，突出有用信号，以得到良好的识别效果。特征提取是对满足识别要求的模式进行抽取，选择特征和基元作为识别的依据。模式分类则是把被识别对象归并分类，确认其为何种模式的过程。这三者中特征提取是模式识别的关键，对识别的效果有直接的影响，好的模式特征能使不同类别的模式表现出很大的差别，有利于设计出性能较高的分类方法。

模式分类的方法大致可分为统计识别方法、句法结构方法、模糊判决方法和人工神经网络方法等四大类。从声发射模式识别方面开展的研究来看，主要结合谱分析采用统计方法和神经网络方法进行识别研究。统计学习方法研究的是在数据集的数目趋于无穷大时的极限特性，传统的统计模式识别问题是在数据集的数目足够大的前提下进行研究，各种有效方法也只有当数据集数目趋于无穷大时，在理论上才有保证，然而现实应用中，数据集的数目通常是有限的，有时数据集样本的获取甚至是非常困难的。数据集的数目趋于无穷大或者数据集的数据样本量大这个最基本前提在实际应用中往往得不到满足，尤其是当研究的问题处于一个高维的特征空间中时，这一矛盾尤为突出[102]。

传统基于数据的机器学习问题的目标是使期望风险达到最小化，但是由于基于数据的机器学习问题已知的全部信息只有数据集的期望风险，且无法计算，因此传统的方法采用了经验风险最小化原则，研究表明，从期望风险最小化到经验风险最小化缺可靠的理论依据，而且即使在数据集数目无穷大时满足条件，也无法认定在数据集有限的情况下该条件也能满足。声发射源识别中常采用的神经网络方法、贝叶斯理论等，都是基于数据的机器学习理论和方法[103-105]，其实际应用中都面临着上述问题。

因此，研究小样本数据集情况下的统计学习规律并将其应用到声发射源分类识别中，是一个非常有实用价值的问题。20 世纪 90 年代，由 Vapnik[106] 提出的支持向量机是一种以有限样本统计学习理论为基础发展起来机器学习方法，其突出特点是根据结构风险最小化（Structural Risk Minimization，SRM）原则进行学习，从本质上提高学习机的泛化能力，将优化问题转化为求解一个凸二次规划的问题以得到全局最优解，这样就不存在一般神经网络的局部极值问题。同时由于运用核函数巧妙地解决了维数问题，使得算法的复杂度与样本维数无关。近 20 多年来，支持向量机在模式识别、回归分析、函数逼近、信号处理等领域得到了应用。在模式识别方面，对于解决手写数字识别、语音识别、人脸图像识别、文章分类以及故障诊断等问题，支持向量机算法在精度上已经超过或等同于传统的学习算法[107-110]。

1.4 矿山采场冒顶机理国内外研究现状及分析

矿山开采对地下围岩造成采动损害，改变了地下岩体的平衡状态，采动影响导致地下工程发生冲击地压是常见的灾害事故。人们在对矿山冒顶的分析研究过程中发现，导致发生冒顶的因素非常复杂，所以说明冒顶发生机理的观点也很多[111-120]。随着科学技术的发展和多学科的交叉，特别是非线性动力学的发展和应用，在解释冒顶发生机理方面产生了许多新的理论和新的研究方法[121-127]。

在 20 世纪后期，随着对非线性动力学理论研究的不断深入，不同研究领域相继掀起了转变认识观的重大变革。在对岩体动力行为的研究中，一些学者敏锐地观察到其非线性特征，并进行了大量的基础性研究工作，取得了重大进展。这些研究表明，岩体的动力行为是一种典型的非线性现象，地压的演化和形成是一个非线性过程，而非线性是导致冲击地压的根本原因。因此，用传统的确定论观点来研究矿山冒顶这一非线性动力学过程无异于用静止的观点来看待不断发展与变化的问题[128]，因而发生认识和预测上的误差甚至错误是在所难免的。

突破传统的确定论观点，运用非线性动力学的理论和方法来研究地压灾害的孕育、演化和发生机制，并建立相应的预测方法，是从本质上认识和解决地压灾害的一条正确途径，这已经成为一种必然的发展趋势和一项十分紧迫的任务。由于矿岩体是一种十分复杂的地质材料，具有模糊性和不确定性，造成了地压的复杂性。而传统的研究方法和手段不能很好地解决这个难题。造成这种状况的原因是多方面的，而认识上的错误是最根本的原因。传统观点认为，一个确定性的系统在确定性的激励影响下，其响应也是确定性的。也就是说，在描述地压的形成和演化时，若给定一个确定性的力学模型或经验模型，则其所表现出来的力学行为也是唯一确定的。但大量的现场监测表明，即使是在相同的岩层条件、地质条件和开采条件下，监测到的冒顶演化和形成规律也会表现出很大差异，人们常常将这种差异归因于观测数据中噪声的干扰，并提出了相应的滤波、伪数据剔除等处理方法，但仍不能从根本上解决问题，这就迫使人们从非线性动力学的角度来认识矿山冒顶的复杂性。

经过漫长的地质年代，在经受了无数内因和外因作用后，岩体内部多为层面节理、裂隙和断层所切割，形成复杂的结构组合体。同时，小范围的岩块也因长期的地质作用而呈现出明显的非均质性和各向异性。即无论是大尺度的岩体还是小尺度的岩块，在力学性质上都具有强烈的非线性特征。并且，岩体在地层中所处的环境和诸如开挖、爆破、支护等外界作用也呈现出明显的非线性特征。因此，具有非线性性质的岩体在非线性的外力作用下，其动力行为也必然呈现出非线性特征。

对于岩体的非线性行为，应该采用非线性动力学理论来认识和研究，一些学者已经就这一领域进行了大量的基础性研究工作。自 1972 年法国数学家 Thom 创立突变理论以来，经过许多学者的努力，现在突变理论在物理、力学、生物、经济和心理学等许多领域中得到了应用。

范钢伟和罗周全等[129,130]应用突变理论来描述岩石的破坏过程，并提出了岩石破坏过程的突变模型；闫苓鹏等[131]采用尖点突变理论分析了金矿地下开采矿柱失稳受力临街条件，得出了最适合留设的金矿地下开采矿柱的大小。过江等[132]建立了矿柱失稳的尖点突变模型，推导出矿柱能量方程，分析了矿柱失稳力学机制，根据矿柱失稳的充分条件和必要条件得出矿柱极限宽度值的计算方法，并分析主要因素对矿柱宽度极限值的影响规律。

穆成林等[133]基于定态曲面方程和分支曲线方程，推导得出了系统失稳的充要力学条件，研究了外力、岩体弹性模量、容重、层间极限剪应力以及几何形态等因素对围岩稳定性的影响特性，获得了符合实际的岩体破坏分析方法和失稳判据。

王贻明等[134]应用尖点突变理论分析了矿壁结构失稳的力学机制，得到矿壁屈曲失稳的尖点突变方程，获得矿壁失稳破坏的充分条件和必要条件，并据此推导出矿壁失稳的极限厚度值的计算方法及其影响因素，提出了减小矿壁厚度、提高矿壁稳定性的三种控制策略。

赵增辉等[135]建立了弱胶结软岩地层 2 类布巷方式的数值计算模型，在考虑岩层界面效应基础上分析顶板的离层变形机理，揭示顶板、两帮及底板的变形规律，并进一步获得不同顶板刚度下 2 类巷道离层破坏的演化特征，阐明 2 类巷道的灾变发展过程。另外，突变理论还被用来识别时间序列的突变信息。

徐海清等[136]建立了软岩隧道的突变失稳预测模型，推导出围岩失稳判据，并结合现场监测数据对尖点突变失稳预测模型进行了有效性验证。

李业学等[137]基于突变理论探究了潜在的危险剖面是否可能出现开裂、开裂的具体时间以及裂缝深度等问题，并提出了围岩开裂的时空判据。

姜立春等[138]借助能量耗散理论和突变理论，构建矿柱-顶板支撑系统滑移突变失稳模型，研究受结构弱面影响的系统失稳机制，分析各内控因素对采空区稳定性的影响。

刘轩廷等[139]建立了充填开采下顶板-间柱支撑体系的力学模型，在此基础上应用突变理论探究了充填体作用下支撑体系的破坏机制，分析了充填前后支撑体系的结构参数对于采场稳定性的影响。

卓毓龙等[140]利用尖点突变模型对中深部岩石岩爆倾向性实验过程中的声发射参数进行了突变分析，实现了对岩爆的判别。虽然冲击地压是矿岩变形失稳问题已成为越来越多学者的共识，但迄今为止，在矿岩失稳及冲击地压的研究中，对于局部矿岩体进入峰值强度后变形的应变软化现象，现在仍然普遍采用将其视为矿岩破坏后固有的力学特性，用连续介质力学方法建立反映软化性质的本构关系来进行描述。在采用突变理论分析岩体失稳及冲击地压时，所建立的模型主要是针对煤柱冲击地压和圆形硐室冲击地压的，而采用突变理论对失稳矿岩冲击地压发生机制和条件进行辨析研究则鲜见相关文献报道。

在分形研究方面，向高等[141]基于声发射振铃计数的损伤模型和声发射定位点空间演化的分形维数计算结果，研究了盐岩变化破坏过程中的损伤变量和分形维数；于洋等[142]根据岩爆孕育及发生过程中围岩变形量的自相似特征，提出了一种时间分形计算方法，并较成功地对岩爆过程围岩变形量进行时间分形研究。总之，这部分研究成果主要在于分析时间序列的分形特征，但由于时间序列分形在本质上反映的是时间序列重构相空间中的混沌吸引子的分形特征，因此，时间序列的分形实质也是一种几何分形。同时，非线性动力学理论的其他分支在岩石力学中的应用研究也取得了进展，如矿山压力的混沌现象和顶板运动过程的自组织演化特征和应用重整化群方法研究滑动面演化的普适性质。

可喜的是，一些学者在应用非线性动力学理论研究岩石力学的实践中，逐步形成了较完整的新理论体系[143-146]，在一定程度上推进了非线性科学理论在岩石力学和岩土工程实践中的应用。但总的来说，非线性动力学在矿山岩石力学中的应用研究，主要集中在突变和分形理论方面，而且与工程的实际应用尚有较大距离。而运用混沌理论对矿山岩体动力行为的研究才刚刚起步，且大都停留在定性分析的水平上，还很不系统。至于地下金属矿山冒顶等岩体灾害性动力行为的混沌性和非线性预测方面的研究成果更不多见。从根本上来看，地下金属矿山采场围岩失稳动力行为的非线性特征是控制其发展方向的主导力量，是决定系统突变和协同等特性的最本质因素，而对岩体系统演化的准确预测是工程实践的主要目标之一。因此，地下金属矿山岩体冒顶破坏演化过程的非线性规律和非线性预测方法是目前亟待研究的领域。

综上所述，以混沌与分形理论为代表的非线性科学在大气、地球物理和岩石力学的某些领域的研究成果显示了其广阔的应用前景，可望为地下金属矿山岩体冒顶的研究提供新的思路和方法。因此，开展地下金属矿山采场围岩失稳灾变特征混沌与分形辨析以及非线性预警预报理论的研究是十分必要的。

1.5 研究内容和研究框架

本书围绕“地下金属矿山采场围岩声发射信号混沌辨析”和“地下金属矿山采场围岩声发射信号灾变预警分析”，进行地下金属矿山采场围岩声发射信号混沌辨析及其灾变预警分析研究，构建其基本框架如图 1.7 所示。

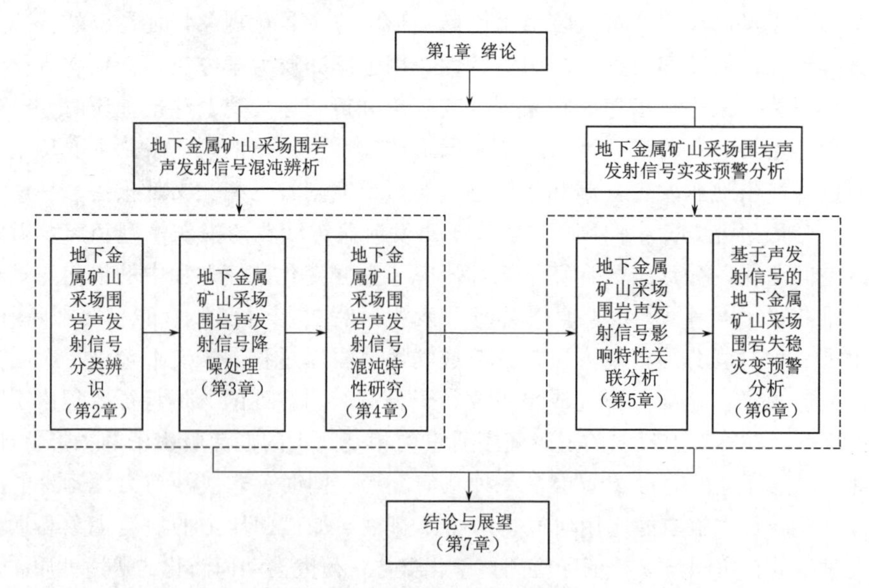

图 1.7 研究工作的基本框架

地下金属矿山采场围岩声发射信号混沌辨析部分包括包括地下金属矿山采场围岩声发射信号分类辨识、地下金属矿山采场围岩声发射信号降噪处理和地下金属矿山采场围岩声发射信号混沌特性研究，其中地下金属矿山采场围岩声发射信号分类辨识是地下金属矿山采场围岩声发射信号混沌辨析的首要前提和基础，没有有效地区分地下金属矿山采场中的岩石破碎信号、机械振动信号和地下金属矿山采场围岩声发射信号，就失去了讨论地下金属矿山采场围岩声发射信号降噪处理和地下金属矿山采场围岩声发射信号混沌特性研究等问题的基础，而地下金属矿山采场围岩声发射信号降噪处理则是在有效地区分地下金属矿山采场中的岩石破碎信号、机械振动信号和地下金属矿山采场围岩声发射信号的前提下，对地下金属矿山采场围岩声发射信号进行降噪处理，为地下金属矿山采场围岩声发射信号混沌特性研究提供坚实的保障，因此，地下金属矿山采场围岩声发射信号分类辨识和地下金属矿山采场围岩声发射信号降噪处理是地下金属矿山采场围岩声发射信号混沌辨析的有机组成部分。

而基于地下金属矿山采场围岩声发射信号混沌辨析部分的研究结果表明，地下金属矿山采场围岩声发射信号具有明显的混沌特性，影响地下金属矿山采场围岩声发射信号时间序列的系统内部因素最多可达 6 个，最少不会少于 4 个。考虑到影响地下金属矿山采场围岩声发射信号时间序列的系统内部特征参数具有复杂的非线性、耦合性、时滞性和时变性，且存在数据采集困难、数据样本集小等特点，这必然会给地下金属矿山采场围岩失稳灾变预警分析带来新的课题，构建具有需要建模参数少、非线性拟合明显和预测精度高的智能预测方法，有效解决地下金属矿山采场围岩失稳灾变预警分析等关键性问题。

因此，地下金属矿山采场围岩声发射信号灾变预警分析部分主要包括地下金属矿山采场围岩声发射信号影响特性关联分析和基于声发射信号的地下金属矿山采场围岩失稳灾变预警分析，其中地下金属矿山采场围岩声发射信号影响特性关联分析是采用模糊理论和灰色关联理论相结合方法建立了改进的模糊灰色关联分析模型，并对岩锚梁稳定性影响因素进行了模糊灰色关联分析，得出了各影响因素对地下金属矿山采场围岩失稳和地下金属矿山采场围岩声发射信号的影响程度及各影响因素间的关联程度，其研究结果对于基于声发射信号的地下金属矿山采场围岩失稳灾变预警分析具有十分重要的理论意义和参考价值。基于声发射信号的地下金属矿山采场围岩失稳灾变预警分析结合模糊最小二乘支持向量机理论、自适应遗传算法以及灾变理论，建立了地下金属矿山采场围岩失稳灾变预警模型，并成功对某地下铅锌矿采场围岩失稳灾变进行了预报，其研究结果对于进一步促进地下金属矿山采场围岩失稳灾变预警技术的发展有着重要的理论意义和现实意义。

地下金属矿山采场围岩声发射信号灾变预警分析部分是地下金属矿山采场围岩声发射信号混沌辨析的有益补充和必然要求，旨在有效地实现地下金属矿山开采安全的预测预警。

本书共有 7 章，其中第 2 章、第 3 章、第 4 章、第 5 章和第 6 章是本书的重点，而第 3 章、第 4 章和第 6 章是本书的难点。

第 1 章　绪论。其内容主要包括研究背景与研究意义、声发射技术概述、声发射技术的国内外发展状况、矿山采场冒顶机理国内外研究现状及分析与研究内容和研究框架等。

第 2 章　地下金属矿山采场围岩声发射信号分类辨识。其内容主要包括地下金属矿山采场围岩声发射信号采集方法、基于改进混沌免疫算法的 Mamdani 模糊分类器设计和基于改进混沌免疫算法的 Mamdani 模糊分类器的实际应用等。

第 3 章　地下金属矿山采场围岩声发射信号降噪处理。其内容主要包括基于改进 EMD 的地下金属矿山采场围岩声发射信号去噪声方法、地下金属矿山采场围岩声发射信号去噪声处理实现等。

第 4 章　地下金属矿山采场围岩声发射信号混沌特性研究。其内容主要包括地下金属矿山采场围岩声发射信号时间序列递归图分析方法、地下金属矿山采场围岩声发射信号时间序列混沌辨析应用实例等。

第 5 章　地下金属矿山采场围岩声发射信号影响特性关联分析。其内容主要包括地下金属矿山采场围岩声发射信号影响因素模糊灰色关联分析模型、地下金属矿山采场围岩声发射信号影响因素模糊灰色关联分析实例等。

第 6 章　基于声发射信号的地下金属矿山采场围岩失稳灾变预警分析。其内容主要包括灾变理论概述、自适应变尺度模糊最小二乘支持向量机模型构建、基于声发射信号的地下金属矿山采场围岩失稳灾变预警分析实现等。

第 7 章　结论与展望。

本章参考文献

[1] 连丹阳．有色金属资源勘查中野外勘查要点分析［J］．世界有色金属，2020（12）：98－99.

[2] 杨昌明．矿业权评估贴现现金流法及主要参数选取的研究［D］．武汉：中国地质大学，2008.

[3] 甘怀营．基于多种监测手段的深部采场开挖围岩损伤演化规律研究［D］．沈阳：东北大学，2011.

[4] 陈庆发．金属矿床地下开采协同采矿方法［M］．北京：科学出版社，2018.

[5] 周科平．采矿环境再造理论方法及应用［M］．长沙：中南大学出版社，2012.

[6] 高静．金属矿采矿工业面临的机遇和挑战及技术对策［J］．中国金属通报，2020（6）：3－4.

[7] 周科平，郃艳芝，潘征，等．有色金属矿集区协同采矿理论与实践［J］．矿冶工程，2020，40（5）：139－145.

[8] 徐伟杰．地下金属矿山开采技术发展趋势［J］．区域治理，2018（23）：85－85.

[9] 朱杰明．有色金属行业绿色矿山采矿技术分析［J］．中国金属通报，2021（1）：23－24.

[10] 赵志刚．我国金属矿采矿技术的进展与未来展望［J］．建材发展导向，2019，17

(11)：136-136.
[11] 陈泉．建国以来我国金属矿采矿技术的进展与未来展望 [J]. 科学技术创新，2018 (17)：182-183.
[12] 王雪旺．有色金属采矿方法中的弊端和改进刍议 [J]. 世界有色金属，2019 (23)：64，66.
[13] 龚华平．矿山采矿技术安全管理问题探讨 [J]. 低碳世界，2019，9 (6)：94-95.
[14] 李少明．有色金属采矿施工中不安全技术因素与对策分析 [J]. 世界有色金属，2018 (21)：102-103.
[15] 孙可光，陆星，范允鑫，等．浅谈金属矿山充填采矿的五种方法 [J]. 中国金属通报，2020 (24)：27-28.
[16] 尤本勇，赵迎青．地下金属矿山采矿技术进展探讨 [J]. 冶金管理，2021 (1)：12-13.
[17] 朱杰明．有色金属采矿施工中不安全技术因素与措施 [J]. 世界有色金属，2021 (3)：16-17.
[18] 任一鑫，苏海洋．矿区资源循环绿色体系构建 [J]. 矿冶工程，2021，41 (2)：138-142.
[19] 周涛．辽宁鞍山矿山区域金属矿资源潜力及开发方向探究 [J]. 世界有色金属，2021 (11)：72-73.
[20] 李建华，刘俊龙，樊保龙，等．某铁矿采空区治理与露天开采协同技术应用实践 [J]. 现代矿业，2018 (12)：216-218.
[21] 邱华富，刘浪，王美，等．金属矿采矿—充填—建库协同系统及充填储库结构 [J]. 石油学报，2018 (11)：1308-1316.
[22] FAN X M，REN F Y，XIAO D，et al. Opencast to underground iron ore mining method [J]. Journal of Central South University，2018，25 (7)：1813-1824.
[23] 陈庆发．协同采矿方法的发展及类组归属 [J]. 金属矿山，2018 (10)：1-6.
[24] 左红艳，罗周全．地下金属矿山开采过程人机环境安全机理辨析与灾害智能预测 [M]. 北京：中国水利水电出版社，2014.
[25] LIU H，LIU X，TAN Z，et al. Improving the stability of subsurface structures in deep metal mines by stress and energy adjustment：a case study [J]. Advances in Civil Engineering，2021：6613985.
[26] XIE C，LU H，CHAO L，et al. Numerical Optimization of Broken and Difficult for Stope Mining in Underground Metal Mines [A]. International Conference on Air Pollution and Environmental Engineering - IOP Conference Series - Earth and Environmental Science [C]. 2018，208：012104.
[27] 谢学斌，谢和荣，田听雨，等．开挖扰动下矿柱损伤破裂失稳细观机制研究 [J]. 矿冶工程，2019 (2)：30-36.
[28] ZHU H，HAN L，MENG Q，et al. Study on surrounding rock disturbance effect of multi-middle section combined backfilling mining in inclined iron ore [J]. Arabian Journal of Geosciences，2021，14 (18)：1821.
[29] 张袁娟，孔德增．不同岩性对爆破振动效应影响研究 [J]. 矿冶工程，2019 (5)：6-8.
[30] 左红艳，罗周全，王益伟，等．基于模糊自适应变权重算法的采场冒顶函数链神经

网络预报［J］. 中国有色金属学报，2011，21（4）：894-900.

［31］CHEON D S，JUNG Y B，PARK E S，et al. Evaluation of damage level for rock slopes using acoustic emission technique with waveguides［J］. Engineering Geology，2011，121（1-2）：75-88.

［32］KIM J S，LEE C，KIM G Y. Estimation of Damage Evolution within an In Situ Rock Mass Using the Acoustic Emissions Technique under Incremental Cyclic Loading［J］. Geotechnical Testing Journal，2021，44（5）：1358-1378.

［33］SHI X，WANG M，WANG Z，et al. A brittleness index evaluation method for weak-brittle rock by acoustic emission technique［J］. Journal of Natural Gas Science and Engineering，2021，95：104-160.

［34］郭晓强，皇甫风成，王果，等．阿舍勒铜矿微震监测系统建设与应用研究［J］. 矿冶工程，2019（6）：29-34.

［35］李啸，汪仁建，李秋涛，等．深部环境下岩石声发射地应力测试及其应用［J］. 矿冶工程，2019（2）：19-23.

［36］沈功田．声发射检测技术及应用［M］. 北京：科学出版社，2015.

［37］赵奎，何文，曾鹏．导波声发射及次声波监测在矿山应用的理论与试验［M］. 北京：冶金工业出版社，2018.

［38］曾鹏．冲击性岩石应力状态与声发射特征相关性研究［M］. 北京：冶金工业出版社，2019.

［39］王强．基于声信号检测的管道TPD预警系统研究［D］. 杭州：浙江大学，2005.

［40］刘国华．声发射关键技术研究［D］. 杭州：浙江大学，2008.

［41］袁少波．焊接裂纹声发射监测技术的研究［D］. 重庆：重庆大学，2006.

［42］袁振明．数字式声发射仪的发展［J］. 无损探伤，1999（2）：1-5.

［43］熊国庆，汪晓霖．岩体声发射仪的研制现状与展望［J］. 工业安全与防尘，1996（4）：22-23，28.

［44］王剑，李明辉，李登胜．声发射仪技术指标浅谈［J］. 装备制造技术，2012（9）：127-130.

［45］王少锋，陈智豪，刘文婧．运载火箭管道微泄漏声发射检测仪［J］. 现代制造工程，2020（4）：153-158.

［46］GREEN A T，LOCKMAN C S，STEELE R K. Acoustic verification of structural integrity of Polaris chambers［J］. Modern Plastics，1964，41（11）：137-139，178，180.

［47］EGLE D M，TARO C A. Analysis of acoustic-emission strain waves［J］. The Journal of the Acoustical Society of America，1967，41（2）：321-328.

［48］PRINE D W. Inspection of nuclear reactor welding by acoustic emission［J］. Welding Design and Fabrication，1977，50（1）：74.

［49］LANDIS E，OUYANG C，SHAH S P. Acoustic emission source locations in concrete［C］// ASCE Engineering Mechanics Specialty Conference，1991：1051-1055.

［50］RICE A. Characteristics of acoustic emission sensors employed for tool condition monitoring［C］// Proceedings of the Seventh Workshop on Supervising and Diagnostics of Machining Systems，1996：241-252.

[51] RAVINDRA H V. Some aspects of acoustic emission signal processing [J]. Journal of Materials Processing Technology，2001，109：242 - 247.

[52] PAULO R，AGUIAR P J A，SEMI E C，et al. In - process grinding moinitoring by acoustic emission [C]// ICASSP04，2004 (5)：405 - 408.

[53] LI N，FANG L，HUANG B，et al. Characteristics of Acoustic Emission Waveforms Induced by Hydraulic Fracturing of Coal under True Triaxial Stress in a Laboratory - Scale Experiment [J]. Minerals，2022，12 (1)：104.

[54] SENGUPTA S，ROY P，TOPDAR P，et al. Investigation of layered composite plates under acoustic emission using an appropriate finite element model [J]. Canadian Journal of Civil Engineering，2021，48 (12)：1639 - 1651.

[55] AHMED J，ZHANG T，OZEVIN D，et al. A multiscale indentation - based technique to correlate acoustic emission with deformation mechanisms in complex alloys [J]. Materials Characterization，2021，182：111575.

[56] STEPHENS R，POLLOCK A A. Waveforms and frequency spectra of acoustic emission [J]. Journal of the Acoustical Society of America，1971 (50)：904 - 910.

[57] GORMAN M R. Plate wave acoustic emission [J]. Journal of Acoustic Emission，1991，90 (1)：358 - 364.

[58] PROSSER W H，JACKSON K B，KELLAS S，et al. Advanced waveform - based acoustic emission detection of matrix cracking in composites [J]. Materials Evaluation，1995，53 (9)：1052 - 1058.

[59] PROSSER W H. Applications of advanced，waveform based AE techniques for testing composite materials [C]// In Proceedings of the SPIE Conference on Nondestructive Evaluation Techniques for Aging Infrastructure and Manufacturing：Materials and Composites. SPIE，Scottsdale，1996：146 - 153.

[60] SURGEON M，WEVERS M. Modal analysis of acoustic emission signals from CFRP laminates [J]. NDT&E International，1999，32 (3)：311 - 322.

[61] SURGEON M，BUELENS C，WEVERS M，et al. Waveform based analysis techniques for the reliable acoustic emission testing of composite structures [J]. Journal of Acoustic Emission，2001 (18 - 19)：34 - 40.

[62] JEONG H，JANG Y S. Wavelet analysis of plate wave propagation in composite laminates [J]. Composite Structures，2000，49：443 - 450.

[63] TERCHI A，AU Y H J. Acoustic Emission Signal Processing [J]. Measurement and Control，2001，4 (8)：240 - 244.

[64] NI Q Q，IWAMOTO M. Wavelet transform of acoustic emission signals in failure of model composites [J]. Engineering Fracture Mechanics，2002，69：717 - 728.

[65] SCRRANO E P，FABIO M A. Application of the wavelet transform to acoustic emission signals processing [J]. IEEE Transaction on signal processing，1996，44 (5)：1270 - 1275

[66] JOSE J，ROSA G，LORET I L，et al. Wavelets and wavelet packets applied to detect and characterize transient alarm signals from termites [J]. Measurement，2006，39：553 - 564.

[67] 耿荣生．声发射信号的波形分析技术 [C]// 中国机械工程学会无损检测分会第7届年会/国际无损检测技术研讨会论文集．汕头：汕头超声仪器研究所，1999：566-569.

[68] HAMSTAD M A，DOWNS K S. On characterization and sources location of acoustic emission composite structures in real size - A waveform study [J]. Journal of Acoustic Emission，1995，13（1/2）：31-41.

[69] JIAO J P，HE C F，WU B，et al. Application of wavelet transform on modal acoustic emission source location in thin plates with one sensor [J]. International Journal of Pressure Vessels and Piping，2004，81：427-431.

[70] GANESAN R，DAS T K，SIKDER A K，et al. Wavelet - based identification of delamination defect in CMP（Cu - Low k）using nonstationary acoustic emission signal [J]. IEEE transactions on semiconductor manufacturing，2003，16（4）：677-685.

[71] BENTLY P G，BEESLEY M J. Acoustic emission measurements on PWR weld material with inserted defects using advanced instrument [J]. J. Acoustic Emission，1988，7（2）：59-79.

[72] 刘时风．焊接缺陷声发射检测信号谱估计及人工神经网络模式识别研究 [D]. 北京：清华大学．1996.

[73] SUZUKI H，KINJO T，TAKEMOTO M，et al. Fracture - mode determination of glass - fiber composites by various AE processing [J]. Progress in Acoustic Emission VIII. The Japanese Society for NDI，1996：47-52.

[74] GANG Q，ALAN B，JAVAD H，et al. Discrete wavelet decomposition of acoustic emission signals from carbon - fiber - reinforced composites [J]. Composites Science and Technology，1997，57：389-403.

[75] 崔岩，李小俚，彭华新．基于声发射小波分析的非连续增强金属基复合材料界面表征 [J]. 科学通报，1998，43（6）：656-657.

[76] JEONG H. Analysis of plate wave propagation in anisotropic laminates using a wavelet transform [J]. NDT&E International，2001，34：185-190.

[77] CHEN H G，YAN Y J，JIANG J S. Vibration - based damage detection in composite wingbox structures by HHT [J]. Mechanical Systems and Signal Processing，2006：1-15.

[78] JIANG C H，YOU W，WANG L S. Analysis and study of noise elimination through wavelet in detection of acoustic emission [C]// Proceedings of the Second International Conference on Machine Learning and Cybernetics. Xi'an，2003：310-313.

[79] TOMASZ B，DARIUSZ Z. Application of wavelet analysis to acoustic emission pulses generated by partial discharges [J]. IEEE Transactions on dielectrics and electrical insulation，2004，11（3）：433-449.

[80] 李晓梅，朱援祥，孙秦明．基于小波包分析的声发射源定位方法 [J]. 武汉理工大学学报，2003，25（2）：91-94.

[81] SUNG D U，KIM C G，HONG C S. Monitoring of impact damages in composite laminates using wavelet transform [J]. Composites：Part B，2002，33：35-43.

[82] 何建平，王宁．基于小波变换的岩体 AE 波形特征研究 [J]. 工矿自动化，2007

(4): 14 - 18.

[83] 金解放，赵奎，王晓军．岩石声发射信号处理小波基选择的研究 [J]. 矿业研究与开发，2007，27 (2): 12 - 16.

[84] MAY Z, ALAM M K, RAHMAN N A A, et al. Denoising of Hydrogen Evolution Acoustic Emission Signal Based on Non - Decimated Stationary Wavelet Transform [J]. Processes, 2020, 8 (11): 1460.

[85] MENG T, WANG D, JIAO J, et al. Tunable Q - factor wavelet transform of acoustic emission signals and its application on leak location in pipelines [J]. Computer Communications, 2020, 154: 398 - 409.

[86] AHMED Y S, ARIF A F M, VELDHUIS S C. Application of the wavelet transform to acoustic emission signals for built - up edge monitoring in stainless steel machining [J]. Measurement, 2020, 154: 107478.

[87] HE K, LI Q, YANG Q. Characteristic Analysis of Welding Crack Acoustic Emission Signals Using Synchrosqueezed Wavelet Transform [J]. Journal of Testing and Evaluation, 2018, 46 (6): 2679 - 2691.

[88] WANG Z L, NING J G, REN H L. Intelligent identification of cracking based on wavelet transform and artificial neural network analysis of acoustic emission signals [J]. Insight, 2018, 60 (8): 426 - 433.

[89] MOJSKERC B, RAVNIKAR D, STURM R. Experimental characterisation of laser surface remelting via acoustic emission wavelet decomposition [J]. Journal of Materials Research and Technology, 2021, 15: 3365 - 3374.

[90] MELTON R B. Classification of NDE waveforms with autoregressive models [J]. Journal of Acoustic Emission, 1982, 1 (4): 266 - 272.

[91] GRAHAM L J, ELSLEY R K. AE source identification by frequency spectral analysis for an aircraft monitoring application [J]. Journal of Acoustic Emission, 1983, 2 (1): 47 - 56.

[92] OHSTU M, ONO K. Pattern recognition analysis of magneto mechanical acoustic emission signals [J]. Journal of Acoustic Emission, 1984, 3 (2): 69 - 80.

[93] ONO K, OHSTU M. Discrimination of fracture mechanisms via pattern recongniton analysis of AE signals during fracture testing [J]. Journal of Acoustic Emission, 1984, 4 (2/3): S316 - S320.

[94] KWON O Y, ONO K. Acoustic emission characterization of the deformation and fracture of an SiC - Reinforced aluminum matrix composite [J]. Journal of Acoustic Emission, 1990, 9 (2): 123 - 130.

[95] ONO K, HUANG Q X. Pattern recognition analysis of acoustic emission signals [J]. Progress in Acoustic Emission Ⅶ, The Japanese Society for NDI, Japan, 1994: 69 - 78.

[96] CHAN R W. Improving acoustic emission crack/leak detection in pressurized piping by pattern recognition techniques [J]. Journal of Acoustic Emission, 1989, 8 (2/3): 12 - 15.

[97] 沈功田，段庆儒，周裕峰．压力容器声发射信号人工神经网络模式识别方法的研究 [J]. 无损检测，2001，23 (4): 144 - 146.

[98] 刘国光，程青蟾，李夔里．声发射神经网络模式识别［J］．仪器仪表学报，2003，S2：406－407，410.

[99] SKAL'S'KYI V R，STANKEVYCH O M，KUZ' I S. Application of Wavelet Transforms for the Analysis of Acoustic－Emission Signals Accompanying Fracture Processes in Materials（A Survey）［J］. Materials Science，2018，54（2）：139－153.

[100] ZHANG M，ZHANG Q，LI J，et al. Classification of acoustic emission signals in wood damage and fracture process based on empirical mode decomposition，discrete wavelet transform methods，and selected features［J］. Journal of Wood Science，2021，67（1）：59.

[101] WANG Y，CHEN S J，LIU S J，et al. Best wavelet basis for wavelet transforms in acoustic emission signals of concrete damage process［J］. Russian Journal of Nondestructive Testing，2016，52（3）：125－133.

[102] 郭庆春．人工神经网络应用研究［M］．长春：吉林大学出版社，2015.

[103] BASTARI A，CRISTALLI C，MORLACCHI R，et al. Acoustic emissions for particle sizing of powders through signal processing techniques［J］. Mechanical Systems and Signal Processing，2011，25（3）：901－916.

[104] AHADI M，BAKHTIAR M S. Leak detection in water－filled plastic pipes through the application of tuned wavelet transforms to Acoustic Emission signals［J］. Applied Acoustics，2010，71（7）：634－639.

[105] XU Y，MELLOR B G. Characterization of acoustic emission signals from particulate filled thermoset and thermoplastic polymeric coatings in four point bend tests［J］. Materials Letters，2011，65（23－24）：3609－3611.

[106] VAPNIK V N. Support vector networks［J］. Machine Learning，1995，20（3）：273－297.

[107] WIDODO A，KIM E Y E，SON J D. Fault diagnosis of low speed bearing based on relevance vector machine and support vector machine［J］. Expert Systems with Applications，2009，36：7252－7261.

[108] YIN Y，LIU X，HUANG W，et al. Gas face seal status estimation based on acoustic emission monitoring and support vector machine regression［J］. Advances in Mechanical Engineering，2020，12（5）.

[109] XU J，LIU X，HAN Q，et al. A particle swarm optimization－support vector machine hybrid system with acoustic emission on damage degree judgment of carbon fiber reinforced polymer cables［J］. Structural Health Monitoring－An International Journal，2021，20（4）：1551－1562.

[110] DING M，YU J，LI X. An efficient approach to acoustic emission source identification based on harmonic wavelet packet and hierarchy support vector machine［J］. Journal of Vibroengineering，2014，16（4）：1689－1697.

[111] PALEI S K，DAS S K. Sensitivity analysis of support safety factor for predicting the effects of contributing parameters on roof falls in underground coal mines［J］. International Journal of Coal Geology，2008，75（4）：241－247.

[112] PALEI S K，DAS S K. Logistic regression model for prediction of roof fall risks in bord and pillar workings in coal mines：An approach［J］. Safety Science，2009，47

(1)：88－96.

[113] LIU H，MA N，GONG P，et al. The Technology Research About Hidden Danger Identification of Tunnel Roof Fall [J]. Procedia Engineering，2011，26：1220－1224.

[114] PHILLIPSON S E. Texture mineralogy and rock strength in horizontal stress－related coal mine roof falls [J]. International Journal of Coal Geology，2008，75 (3)：175－184.

[115] MAITI J，KHANZODE V V. Development of a relative risk model for roof and side fall fatal accidents in underground coal mines in India [J]. Safety Science，2009，47 (8)：1068－1076.

[116] BOBICK T G，MCKENZIE J E A，KAU T Y. Evaluation of guardrail systems for preventing falls through roof and floor holes [J]. Journal of Safety Research，2010，41 (3)：203－211.

[117] BERTONCINI C A，HINDERS M K. Fuzzy classification of roof fall predictors in microseismic monitoring [J]. Measurement，2010，43 (10)：1690－1701.

[118] MAZZAGATTI R，BELINGHERI M，RIVA M A. Craniofacial Trauma by Falling Roof－Tiles in Antiquity. Evidence From Nonmedical Sources [J]. Journal of Craniofacial Surgery，2022，33 (1)：5－6.

[119] MALKOWSKI P，JUSZYNSKI D. Roof fall hazard assessment with the use of artificial neural network [J]. International Journal of Rock Mechanics and Mining Sciences，2021，143：104701.

[120] 何全洪．大倾角复合顶板工作面推垮型冒顶机理分析 [J]. 矿山压力与顶板管理，2002 (1)：81－82.

[121] 贾明魁．锚杆支护煤巷冒顶成因分类新方法 [J]. 煤炭学报，2005，30 (5)：568－570.

[122] 沈彦谋，高谦，潘旦光．甘南某金矿地球物理探测与冒顶事故分析 [J]. 岩土力学，2009，30 (7)：2105－2108.

[123] XIE J L，XU J L，ZHU W B. Gray algebraic curve model－based roof separation prediction method for the warning of roof fall accidents [J]. Arabian Journal of Geosciences，2016，9 (8)：514.

[124] GHASEMI E，ATAEI M，SHAHRIAR K. Improving the method of roof fall susceptibility assessment based on fuzzy approach [J]. Archives of Mining Sciences，2017，62 (1)：13－32.

[125] WANG J，HU B，DONG L，et al. Safety Pre－Control of Stope Roof Fall Accidents Using Combined Event Tree and Fuzzy Numbers in China's Underground Noncoal Mines [J]. IEEE Access，2020，8：177615－177622.

[126] LI W，YE Y，WANG Q，et al. Fuzzy risk prediction of roof fall and rib spalling：based on FFTA－DFCE and risk matrix methods [J]. Environmental Science and Pollution Research，2020，27 (8)：8535－8547.

[127] ZHANG S，FAN G，CHAI L，et al. Disaster Control of Roof Falling in Deep Coal Mine Roadway Subjected to High Abutment Pressure [J]. Geofluids，2021.

[128] 周辉．矿震孕育过程的混沌性及非线性预测理论研究 [J]. 岩石力学与工程学报，2000，19 (6)：813－814.

[129] 范钢伟，张东升，陈铭威，等．采动覆岩裂隙体系耗散结构特征与突变失稳阈值

效应 [J]. 采矿与安全工程学报，2019 (6)：1093 - 1101.

[130] 罗周全，李艳艳，秦亚光，等．基于尖点突变模型与 D - S 证据融合理念的地下矿山岩体失稳预警方法 [J]. 中国地质灾害与防治学报，2020 (5)：60 - 69，78.

[131] 闫苓鹏，刘超．金矿地下开采矿柱失稳的尖点突变理论分析及宽度优化 [J]. 中国金属通报，2018 (3)：238，240.

[132] 过江，冯永菲．深部回采矿柱失稳的尖点突变理论分析及宽度优化 [J]. 中国安全生产科学技术，2017 (7)：111 - 116.

[133] 穆成林，裴向军，路军富，等．基于尖点突变模型巷道层状围岩失稳机制及判据研究 [J]. 煤炭学报，2017 (6)：1429 - 1435.

[134] 王贻明，徐恒，吴爱祥，等．基于尖点突变模型的临时矿壁系统失稳机制及矿壁厚度优化 [J]. 采矿与安全工程学报，2016 (4)：662 - 667，675.

[135] 赵增辉，马庆，高晓杰，等．弱胶结软岩巷道围岩非协同变形及灾变机制 [J]. 采矿与安全工程学报，2019 (2)：272 - 279，289.

[136] 徐海清，陈亮，王炜，等．软岩隧道围岩塌方的尖点突变预测分析 [J]. 铁道工程学报，2016 (11)：97 - 101.

[137] 李业学，刘建锋，曹连涛．围岩突变的时空预测研究 [J]. 四川大学学报（工程科学版)，2011 (3)：61 - 67.

[138] 姜立春，谢波．沉积型铝土矿采空区矿柱-顶板支撑系统滑移突变失稳分析 [J]. 东北大学学报（自然科学版)，2020 (12)：1767 - 1773，1787.

[139] 刘轩廷，陈从新，刘秀敏，等．充填开采下顶板-间柱支撑体系的突变失稳分析 [J]. 岩土力学，2021 (9)：2461 - 2471.

[140] 卓毓龙，陈辰，曹世荣，等．声发射信号与尖点突变模型预测岩爆 [J]. 辽宁工程技术大学学报（自然科学版)，2017 (10)：1065 - 1069.

[141] 向高，刘建锋，李天一，等．基于声发射的盐岩变形破坏过程的分形与损伤特征研究 [J]. 岩土力学，2018 (8)：2905 - 2912.

[142] 于洋，耿大新，童立红，等．基于岩爆灾害的围岩变形量时间分形分析 [J]. 华中科技大学学报（自然科学版)，2017 (7)：36 - 40.

[143] TRUEMAN R，CASTRO R，HALIM A. Study of multiple draw - zone interaction in block caving mines by means of a large 3D physical model [J]. International Journal of Rock Mechanics & Mining Sciences，2008，45：1044 - 1051.

[144] MEGUID M A，SAADA O. Physical modeling of tunnels in soft ground：A review [J]. Tunneling and Underground Space Technology，2008，23：185 - 198.

[145] SHAO H，SUN X，LIN Y，et al. A method for spatio - temporal process assessment of eco - geological environmental security in mining areas using catastrophe theory and projection pursuit model [J]. Progress in Physical Geography - Earth and Environment，2021，45 (5)：647 - 668.

[146] SUN X，SHAO H，XIANG X，et al. A Coupling Method for Eco - Geological Environmental Safety Assessment in Mining Areas Using PCA and Catastrophe Theory [J]. Natural Resources Research，2020，29 (6)：4133 - 4148.

第2章　地下金属矿山采场围岩声发射信号分类辨识

矿山开采对地下围岩造成采动损害，改变了地下岩体的平衡状态[1,2]，采动影响导致地下金属矿山采场围岩失稳成为常见的灾害事故。由于地下金属矿山采场围岩失稳的演化和形成是一个非线性过程，且非线性是导致地下金属矿山采场围岩失稳的根本原因[3-6]。因此，用传统的确定论观点来研究地下金属矿山采场围岩失稳这一非线性动力学过程无异于用静止的观点来看待不断发展与变化的问题[7-10]，因而发生认识和预测上的误差甚至错误是在所难免的。地下金属矿山采场围岩声发射现象可反映出地下金属矿山采场围岩破裂过程中所包含的诸多信息[11]。通过分析地下金属矿山采场围岩受力破裂过程的声发射特性辨识围岩破裂机理，从而为地下金属矿山采场围岩声发射监测技术提供理论依据。

由于地下金属矿山生产作业中会引发各种声响和震动，如钻孔作业、爆破作业、机车运行、卸矿放矿等[12]，而这些声响或震动极易与岩石破裂时所产生的声发射信号相混淆，使声发射监测结果的有效性和准确性受到极大影响[13]，针对地下金属矿山采场围岩声发射特征的多角度对比研究，以及区别于噪声信号的多特征综合识别技术理论，仍值得进一步探讨和研究。

2.1　地下金属矿山采场围岩声发射信号采集方法

2.1.1　地下金属矿山采场围岩声发射检测传感器布置

由于受早期采矿技术、机械设备及探矿条件等限制，已开采的－200m以上存在较多的残留矿石和边远小矿。这些矿产资源未能及时有效回收将导致某地下金属矿山上部中段一直不能尽早关闭回填，浪费了大量的人力、物力和财力。

选取南方某地下金属矿山－160m中段20采场为监测对象。该采场结构参数如下：阶段高度为40m，采场长度为矿体厚度，宽度为8m。采场底柱高

8m，分层高度为 2.5～3m，两采一充；人行脱水井为 1.2m×1.2m，溜矿井为 1.5m×1.5m，拉底巷为 2.0m×2.0m，回风天井为 2.0m×2.0m，各分段不设平巷和进路，出矿设备铲运机关在采场内。

地下金属矿山采场围岩声发射检测传感器布置以地下金属矿山采场开采现状为依据。目前，南方某地下金属矿山－160m 中段 20 采场已开采到第 3 分层，故声发射检测传感器（即压电传感器）布置在紧挨未开采分层的斜坡道中（图 2.1）。

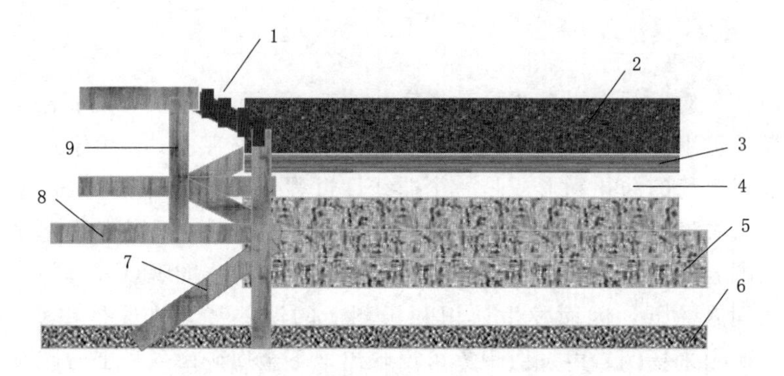

图 2.1 某地下金属矿山－160m 中段 20 采场平面

1—压电传感器；2—未开采分层；3—准备开采分层；4—已开采未充填分层；5—已充填分层；6—穿脉巷道；7—斜坡道；8—平台；9—管路井

考虑到声发射检测传感器尺寸较大，当很难采用钻孔安装方式使其固定安装在地下金属矿山采场围岩上，故一般采用表面安装方式［即将长约 1.5m 左右的锚杆打入围岩中并进行固定，然后将声发射检测传感器（压电传感器）装入安装装置内，并通过安装装置的内螺纹和锚杆尾部的外螺纹旋转固定］固定安装 4 个压电传感器为 1 组（共安装 3 组压电传感器），压电传感器组间距为 10m，且沿斜坡随垂直方向依次布置。因此，地下金属矿山采场围岩声发射检测系统（图 2.2）主要包括压电传感器组、声发射信号和 AE 系统［即 Sensor Highway－Ⅱ（SH－Ⅱ）型声发射系统］。

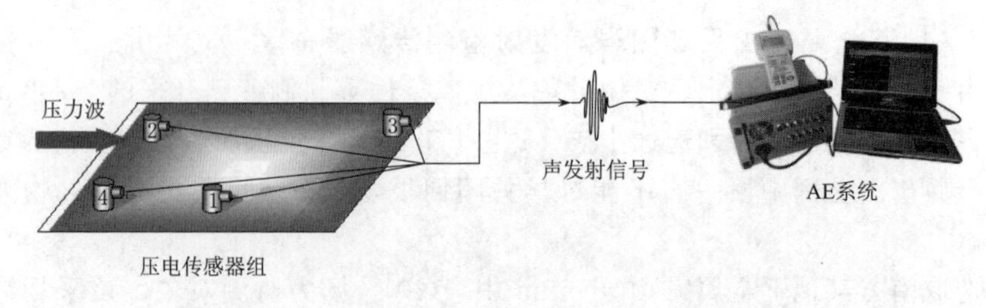

图 2.2 某地下金属矿山采场围岩声发射检测系统

实验过程中，某地下金属矿山采场围岩声发射仪器的数据采集参数设定见表 2.1。地下金属矿山采场围岩声发射检测系统采用 18 位 A/D 转换技术，可实时同步进行声发射信号提取、瞬态波形采集、波形流采集及外参数采集、监测和实时远程控制与数据传输，其门槛值设为 45dB，采样频率为 500kHz，采样长度为 4000 个采样点。

表 2.1　　某地下金属矿山采场围岩声发射仪器的数据采集参数设定

门槛值/dB	采样长度/个	采样频率/kHz	触发前预采样本/个	持续鉴别时间/μs	重整时间/μs
45	4000	500	400	400	3200

2.1.2　地下金属矿山采场围岩声发射信号时间活动特征分析

对于南方某地下金属矿山 −160m 中段 20 采场围岩声发射信号而言，其干扰信号主要来自机械振动信号、岩石破裂信号和爆破信号（爆破时间固定在每天 14:45）。考虑到机械振动信号和岩石破裂信号（主频率小于 20kHz）具有持续时间较长、频率分布较集中的特点，一旦对其进行有效分类辨析后，则可在采集时设置低通截止频率为 20kHz，而滤除绝大部分机械振动信号和岩石破裂信号，对于因爆破而瞬间引起的爆破信号则可根据瞬间的爆破时间而将其滤除。

图 2.3 所示为 2015 年 10 月 11—16 日的某地下金属矿山采场围岩声发射信号监测中的累计声发射信号数 N 的变化趋势（采用每隔 5min 计数）。由图 2.3 可知，在 20 号采场爆破开采前，采场围岩声发射活动较为平静，而在 14:45 左右采场爆破开采时，采场围岩声发射活动突增至最高水平，在 14:50—17:00 则又是干扰信号最少的时间段。由于瞬间爆破时产生的爆破信号频率相对较高，可将爆破时刻前后 5min 内的地下金属矿山采场围岩声发射信号删除，以保证地下金属矿山采场围岩声发射数据的可靠性。

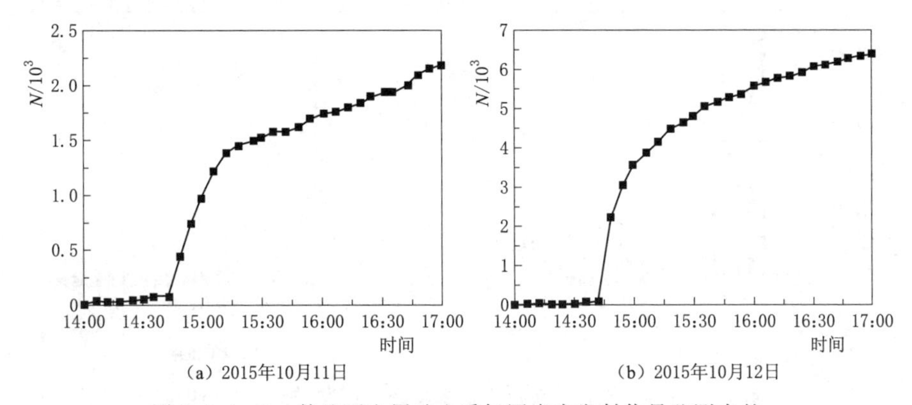

图 2.3（一）　某地下金属矿山采场围岩声发射信号监测中的累计声发射信号数 N 的变化趋势

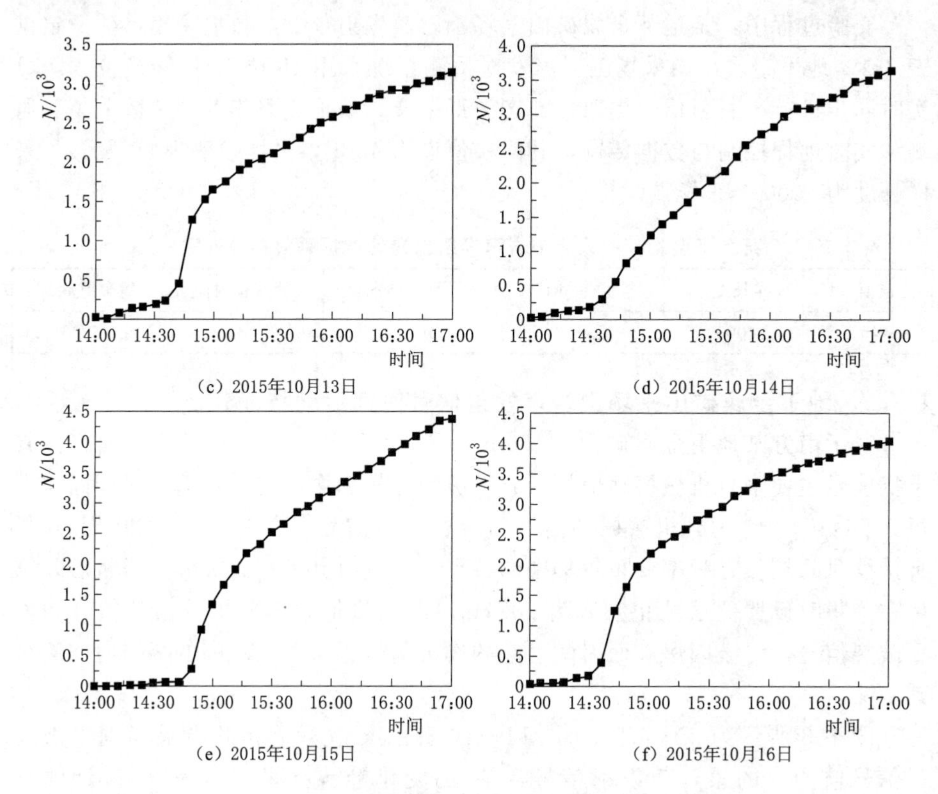

(c) 2015年10月13日 (d) 2015年10月14日

(e) 2015年10月15日 (f) 2015年10月16日

图 2.3（二） 某地下金属矿山采场围岩声发射信号监测中的累计声发射信号数 N 的变化趋势

图 2.4 为 2015 年 10 月 11—16 日，某地下金属矿山采场围岩声发射信号监测中的声发射信号能率 E 的变化趋势（每隔 5min 计数）。

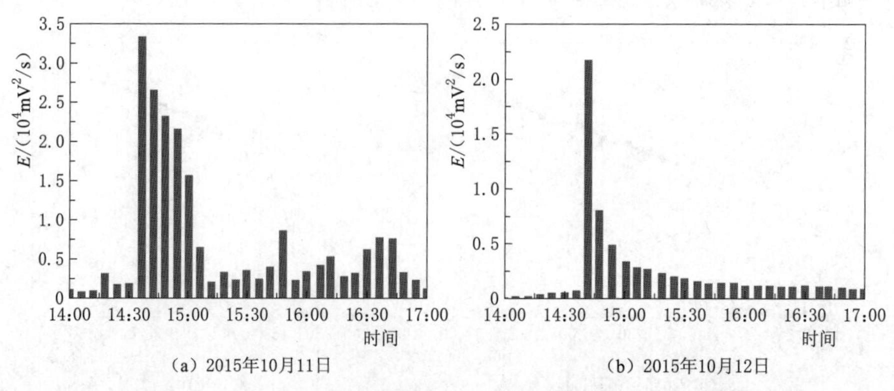

(a) 2015年10月11日 (b) 2015年10月12日

图 2.4（一） 某地下金属矿山采场围岩声发射信号监测中的声发射信号能率 E 的变化趋势

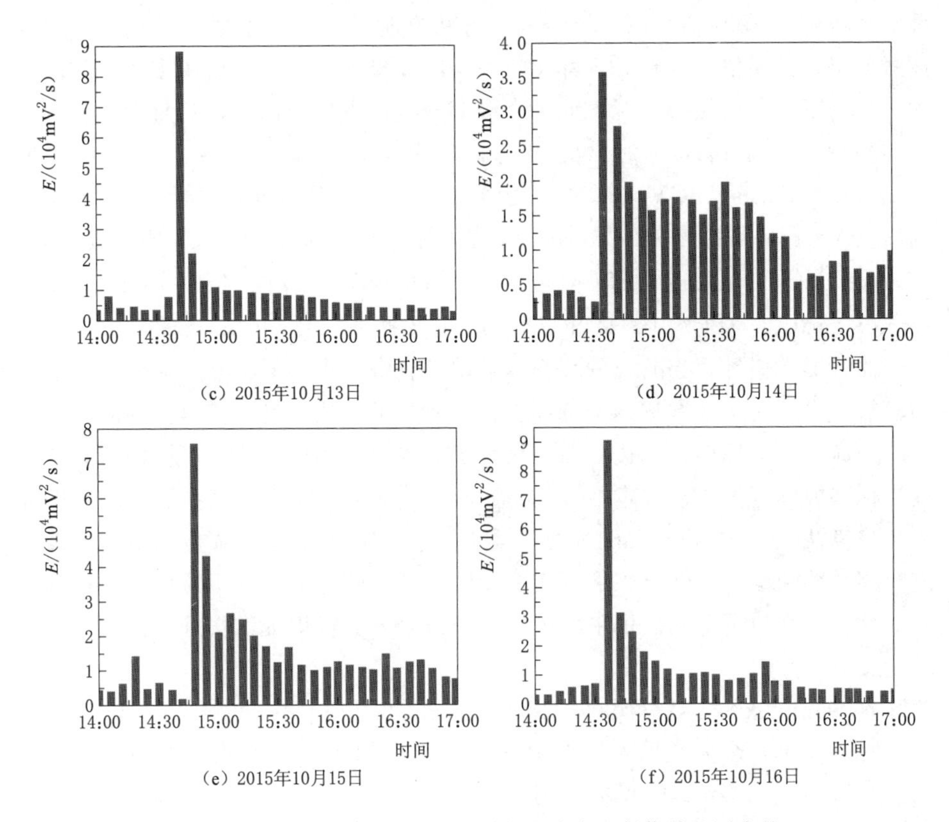

图 2.4（二） 某地下金属矿山采场围岩声发射信号监测中的声发射信号能率 E 的变化趋势

2015 年 10 月 11—16 日围岩声发射信号能率 E 恢复到稳定状态的时间分别为 15:15、15:10、15:10、16:15、15:30 和 15:10，与爆破时间的间隔分别为 30min、25min、25min、90min、45min 和 25min。由图 2.4 可知，在爆破开采后 90min 的时间内，处于声发射监测区域内的某地下金属矿山采场围岩可以恢复较稳定状态。

2.2 基于改进混沌免疫算法的 Mamdani 模糊分类器设计

模糊分类器的设计是一个十分复杂的过程[14-16]，它包括样本采集与标注、特征提取、分类模式选择、样本训练及分类测试等过程。不同的模糊分类器或不同参数值的同一个模糊分类器对同一个数据集合进行模糊分类时，往往会给出不同的模糊分类。

由于模糊分类器要求隶属度函数必须能够客观、准确地反映样本存在的不确定性[17,18]，但目前隶属度函数构造方法有时不能从样本集中有效区分噪声或野值点，并不能较好地处理样本点中含有模糊信息和不能解决多类分类问题中出现的不可分区域等情况。此外，模糊分类器参数值的选取一直没有一套成熟的理论，这导致模糊分类器的应用范围具有一定局限性。模糊 C 均值（Fuzzy C－means，FCM）算法[19]适合于超球型、无噪声的数据；替代模糊 C 均值（AlternativeFuzzy C－means，AFCM）[20]、可能性模糊 C－均值（PossibilisticFuzzy C－means，PFCM）[21,22]与可能性聚类算法（Possibilistic clusteringalgorithm，PCA）[23]适合于有噪声的数据；FCS（Fuzzy C－shell）[24]适合于曲线形数据等。当研究的小样本数据具有噪声点和异常点，如何采用适合的模糊分类器对未知数据结构特征进行有效分类，依然是亟待解决的问题[19]。

为此，本书提出以双边高斯隶属度函数参数为约束条件，以模糊分类有效性指标和模糊分类正确样本数[25]为适应度函数的子目标，建立了采用改进混沌免疫算法优化的 Mamdani 模糊分类器，从而避免了通过调整规则权值来调整模糊系统的参数的缺点，仿真实验和应用结果较好地验证了该模糊分类器的有效性，可为地下金属矿山采场围岩监测信号分类辨识提供很好的技术保障和理论支持。

2.2.1 Mamdani 模糊分类器构建

对于包含 n 个分类输入样本和 m 条规则的 Mamdani 模糊分类器，可采用式（2.1）表示 Mamdani 模糊规则形式：

$$R_k:\text{If } x_{1k} \text{ is } \mu_{1k}, x_{2k} \text{ is } \mu_{2k}, \cdots, x_{nk} \text{ is } \mu_{nk}, \text{then } y_k \text{ is } \mu(n+1, c_k) \tag{2.1}$$

式中：μ_{nk} 为待分类输入样本 x_j（$j=1,2,\cdots,n$）在第 k 个规则下的隶属度；y_k（$k=1,2,\cdots,m$）为第 k 个规则下的分类输出变量；c_k 为第 k 个规则下的 Mamdani 模糊分类器的输出类别数。

为有更好的统计性，规则前件的隶属度函数取具有统计性质的高斯型隶属度函数，即采用双边高斯隶属度函数表示第 k 个规则所对应的第 j 个变量 x_{jk} 的隶属度函数：

$$\mu_{jk}=\begin{cases}\exp\left[-\dfrac{x_{jk}-\delta_{jk}}{\alpha_{jk}}\right]^2 & x_{jk}\leqslant\delta_{jk}\\ \exp\left[-\dfrac{x_{jk}-\delta_{jk}}{\beta_{jk}}\right]^2 & x_{jk}>\delta_{jk}\end{cases} \tag{2.2}$$

式中：δ_{jk}（$j=1,2,\cdots,n$）、α_{jk}（$j=1,2,\cdots,n$）和 β_{jk}（$j=1,2,\cdots,n$）分别为第 k 个规则所对应的第 j 个变量的双边高斯隶属度函数 μ_{jk} 的中点、左宽度、右宽度。

为使 Mamdani 模糊分类器具有更好的分类性，模糊规则的后件采用单点隶属度函数：

$$\mu(n+1,c_k)=\begin{cases}1 & y=c_k \\ 0 & y\neq c_k\end{cases} \tag{2.3}$$

假设类别总数为 M 类，通过实验可知，Mamdani 模糊逻辑系统的输出论域为 $[1,\ M]$，对这个论域平均划分成 M 个区域，每一个区域为一个类，Mamdani 模糊分类器输出类别的计算式为

$$c_k=\mathrm{int}\left[\frac{M}{M-1}(\omega-1)\right] \tag{2.4}$$

式中：ω 为 Mamdani 模糊逻辑系统的输出；M 为样本的类别总数。

2.2.2 模糊分类有效性指标

对于 $\boldsymbol{X}=\{x_1,x_2,\cdots,x_n\}$，令第 k 条规则下的模糊类 c_k 的截集 d_k 为

$$d_k=\{d_{1k},d_{2k},\cdots,d_{sk}\}=\{x_k\mid x_k\in X,\text{且}\quad k=\underset{1\leqslant k\leqslant c}{\mathrm{argmax}}[\mu_k(x_k)]\} \tag{2.5}$$

式中：$\underset{1\leqslant k\leqslant c}{\mathrm{argmax}}[\mu_k(x_k)]$ 为模式 x 按照隶属度最大原则归入第 k 个规则对应的模糊类 c_k；s 为第 k 条规则下的有效样本数。

然后，利用第 k 个规则对应的模糊类 c_k 的截集与模糊隶属度矩阵 $\boldsymbol{U}$，计算产生第 k 个模糊类的概率 $P(c_k)$：

$$P(c_k)=\frac{\sum\limits_{d_{jk}\in d_k}\mu_k(d_{jk})}{\sum\limits_{k=1}^{c}\sum\limits_{d_{jk}\in d_k}\mu_k(d_{jk})} \tag{2.6}$$

式中：c 为模糊分类数。

模式 d_{jk} 出现的概率 $P(d_{jk})$ 可表示为

$$P(d_{jk})=\sum_{k=1}^{c}P(c_k)\mu_k(d_{jk}) \tag{2.7}$$

第 k 个规则对应的模糊类 c_k 的截集 d_k 的概率 $P(c_k|d_k)$ 可表示为

$$P(c_k\mid d_k)=\prod_{j=1}^{s}P(c_k)\mu_k(d_{jk})/P(d_{jk}) \tag{2.8}$$

用所有模糊类的截集发生的概率的均值度量模糊分类发生的概率，则模糊分类有效性指标 $f(U,\ c)$ 可表示为

$$f(U,c)=\sum_{k=1}^{c}\prod_{j=1}^{s}\frac{P(c_k)\mu_k(d_{jk})}{\sum\limits_{i=1}^{c}P(c_k)\mu_k(d_{jk})} \tag{2.9}$$

$f(\boldsymbol{U},\ c)$ 的值越大，表明出现该模糊分类的概率越大，当其值达到最大值时，对应的分类数就是数据集合的最优分类数 c^*。

2.2.3 改进混沌免疫算法优化适应度函数

Mamdani 模糊分类器的双边高斯隶属度函数 A_{jk} 的中点 δ_{jk}、左宽度 α_{jk}

和右宽度 β_{jk} 可采用改进混沌免疫算法进行优化。考虑到改进混沌免疫算法的关键在于确定适应度函数，本书的适应度函数为

$$F(\delta_{ik},\alpha_{ik},\beta_{ik})=w_1\frac{f(\boldsymbol{U},c)}{f_0(\boldsymbol{U},c)}+w_2\frac{N}{N_0} \tag{2.10}$$

式中：$f_0(\boldsymbol{U},c)$ 为未优化时模糊分类有效性指标初始值；N 为优化时模糊分类正确的样本数；N_0 为未优化时模糊分类正确的样本数；w_1 为模糊分类有效性指标所对应的权重系数；w_2 为模糊分类正确的样本数所对应的权重系数，且 $w_1+w_2=1$。

改进混沌免疫算法优化 Mamdani 模糊分类器参数的流程图如图 2.5 所示，

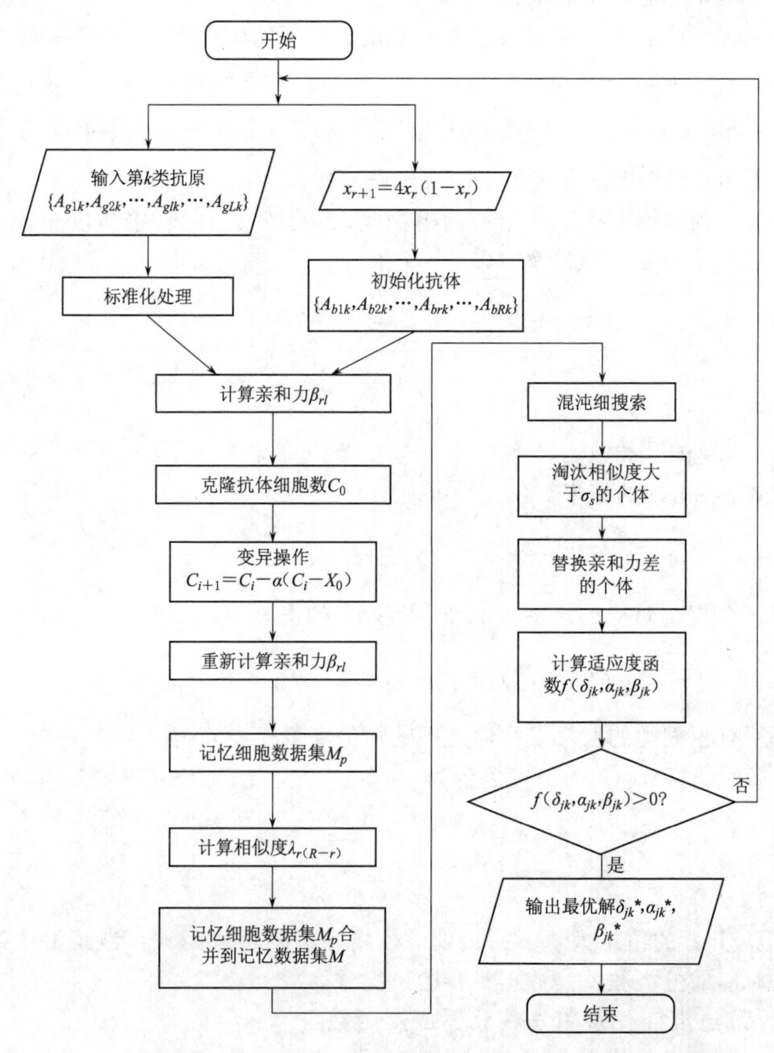

图 2.5 改进混沌免疫算法优化 Mamdani 模糊分类器参数的流程图

具体步骤如下：

Step 1：输入第 k 类抗原 $\{A_{g1k},A_{g2k},\cdots,A_{glk},\cdots,A_{gLk}\}(k=1,2,\cdots,m)$，做标准化处理。

Step 2：选择逻辑斯蒂模型 $x_{r+1}=4x_r(1-x_r)$ 作为混沌模型随机产生（0，1）间的 R 个第 k 类初始化抗体 $\{A_{b1k},A_{b2k},\cdots,A_{brk},\cdots,A_{bRk}\}(k=1,2,\cdots,m)$ 的混沌变量。

Step 3：对每一个抗原 $A_{glk}(l=1,2,\cdots,L;k=1,2,\cdots,m)$ 操作如下：

Step 3.1：利用式（2.11）分别计算每个抗体 A_{brk} 同抗原 A_{glk} 的亲和力 β_{rl}。

$$\beta_{rl}=\sqrt{\sum_{k=1}^{m}(A_{brk}-A_{glk})^2} \tag{2.11}$$

Step 3.2：选择 R 个亲和力最高的抗体作为网络细胞，并对其做克隆操作，得到相应的克隆抗体细胞数 C_0。

Step 3.3：对克隆后的细胞应用方程 $C_{i+1}=C_i-\alpha(C_i-X_0)(i=1,2,\cdots,R)$ 进行变异操作，C_i 是克隆抗体细胞数，X_0 是克隆抗原细胞数，α 是变异率。

Step 3.4：采用式（2.11）重新计算变异操作后的克隆抗体 A_{brk} 同抗原 A_{glk} 的亲和力 β_{rl} 的亲和力。

Step 3.5：选择亲和力最好的 30%作为记忆细胞数据集 M_p。

Step 3.6：利用式（2.12）分别计算每个抗体 A_{br} 同抗体 $A_{b(R-r)}$ 间相似度 $\lambda_{r(R-r)}(r\neq R-r)$，淘汰记忆细胞数据集 M_p 中相似度 $\lambda_{r(R-r)}$ 大于阈值 σ_s 的个体。

$$\lambda_{r(R-r)}=\sqrt{\sum_{k=1}^{m}[A_{brk}-A_{b(R-r)k}]^2} \tag{2.12}$$

Step 4：将记忆细胞数据集 M_p 合并到记忆数据集 M 中。

Step 5：对较优抗体个体和抗原个体进行混沌细搜索。

选择记忆库中适应值较大的 10%的个体进行混沌细搜索，设较优个体为 $T=(T_1,T_2,\cdots,T_i,\cdots,T_k)$，混沌变量搜索区间的缩小表示为

$$\begin{cases}a'_i=T_i-\phi(b_i-a_i)\\b'_i=T_i+\phi(b_i-a_i)\end{cases} \tag{2.13}$$

式中：ϕ 为收缩因子，$\phi\in(0,0.5)$。

为保证新范围不至于越界，做如下处理：若 $a'_i<a_i$，则 $a'_i=a_i$；若 $b'_i>b_i$，则 $b'_i=b_i$。

因此，T_i 在新区间 $[a'_i,\ b'_i]$ 上做还原处理后的向量 Y_i 由式（2.14）确定：

$$Y_i = \frac{T_i - a'_i}{b'_i - a'_i} \tag{2.14}$$

把 Y_i 与 $T_{i,n+1}$ 的线性组合作为新的混沌变量，用此混沌变量进行搜索。

$$T'_{i,n+1} = (1-\delta_i)Y_i + \delta_i T_{i,n+1} \tag{2.15}$$

式中：δ_i 为自适应调节系数，$0<\delta_i<1$。

自适应调节系数 δ_i 采用如下方法进行自适应确定：

$$\delta_i = 1 - \left(\frac{K-1}{K}\right)^{\theta} \tag{2.16}$$

式中：θ 为正整数，根据目标函数而定（取为 2.5）；K 为进化代数。

淘汰记忆库中适应值较大的 10%的个体相似度大于 σ_s 的个体。

Step 6：选择 $x_{r+1}=4x_r(1-x_r)$ 作为产生 N' 个（0，1）间的个体，替换亲和力差的个体，同上次免疫计算得到的记忆数据集 M_p 作为下一代免疫计算的抗体，并返回 Step 3，直到达到网络收敛。

Step 7：用适应度函数 $f(\delta_{jk},\alpha_{jk},\beta_{jk})$ 评价 δ^*_{jk}，α^*_{jk}，β^*_{jk}，计算相应的 $f(\delta^*_{jk},\alpha^*_{jk},\beta^*_{jk})$，如果 $f(\delta^*_{jk},\alpha^*_{jk},\beta^*_{jk})>f(\delta_{jk},\alpha_{jk},\beta_{jk})$，则 $f(\delta_{jk},\alpha_{jk},\beta_{jk})=f(\delta^*_{jk},\alpha^*_{jk},\beta^*_{jk})$，否则放弃 δ^*_{jk}，α^*_{jk}，β^*_{jk}。

Step 8：如果适应度函数为大于 1.0 的最大值，则截止搜索，输出最优解 δ^*_{jk}，α^*_{jk}，β^*_{jk}，否则返回 Step1。

2.2.4 基于改进混沌免疫算法的 Mamdani 模糊分类器仿真实验

为验证提出的基于改进混沌免疫算法的 Mamdani 模糊分类器（用 C1 表示）对噪声点和异常点的健壮性，用 Iris 数据库做仿真实验，并同基于改进遗传算法的 Mamdani 模糊分类器（用 C2 表示）、邢宗义等[26]所述分类器（用 C3 表示）分类结果比较。

由英国著名统计学家 Fisher R. A. 提出的 150 组 Iris 数据是一个非常典型的分类数据，可作为各种分类算法的评估标准。Iris 数据是由 4 维（pental length，pental width，sepal length，sepal width）的 150 个样本组成，共有 3 个类（1 - Iris - setosa，2 - Iris - versicolor，3 - Iris - virginica），每类有 50 个样本。第 1 类和其他两类完全分开，而第 2 类与第 3 类之间有交叉。

优化后的模糊分类器 C1、C2 和 C3 的参数 δ_{jk}，α_{jk}，β_{jk} 见表 2.2，其分类精度对比见表 2.3。

表 2.2　　优化后的三类模糊分类器参数值

模糊分类器	规则	δ_{jk}	α_{jk}	β_{jk}	类别
C1	1	0.5844	0.4218	0.6656	1
	2	1.367	0.6789	0.9706	2
	3	2.4655	0.8996	0.1646	3

续表

分类器	规则	δ_{jk}	α_{jk}	β_{jk}	类别
C2	1	0.5732	0.4312	0.6472	1
	2	1.283	0.6472	0.9493	2
	3	2.325	0.9493	0.1592	3
C3	1	0.5823	0.4224	0.6627	1
	2	1.335	0.6753	0.9675	2
	3	2.452	0.8956	0.1629	3

表 2.3 结果表明，优化后的模糊分类器 C3 变量数为 2，规则数为 12，正确分类样本数分别是 146，即错误分类样本数为 4，分类精度为 97.33%；优化后的模糊分类器 C2 变量数为 1，规则数为 3，正确分类样本数为 144，错误分类样本数为 6，分类精度为 96.00%；优化后的模糊分类器 C1 变量数为 1，规则数为 3，正确分类样本数为 147，错误分类样本数为 3，分类精度为 98.00%。可见提出的基于改进混沌免疫算法的 Mamdani 模糊分类器对 Iris 数据具有较高的分类精度。

表 2.3　三类模糊分类器的分类精度对比

模糊分类器名称	C1	C2	C3
变量数/个	1	1	2
规则数/个	3	3	12
正确分类样本数/个	147	144	146
分类精度/%	98.00	96.00	97.33

基于 CPU 计算耗时的三种模糊分类器计算复杂性对比研究结果见表 2.4。由表 2.4 可知，对于包括 SPECTF 数据、Iris 数据、Lymphography 数据、Heart - disease - cleverland 数据和 Pendigits（test）数据等常见的五种分类检验数据而言，模糊分类器 C2 和模糊分类器 C3 的 CPU 计算耗时相对较长，而模糊分类器 C1 的 CPU 计算耗时是最短的。

表 2.4　三种模糊分类器的 CPU 计算耗时对比

分类样本数据	CPU 耗时/s		
	C1	C2	C3
SPECTF	0.007631	0.315737	0.016842
Iris	0.002986	0.015712	0.005712
Lymphography	0.005756	0.139592	0.010951
Heart - disease - cleverland	0.016427	0.312738	0.015944
Pendigits（test）	0.275628	3.127292	0.535523

2.3 基于改进混沌免疫算法的 Mamdani 模糊分类器的实际应用

地下金属矿山采场围岩声发射信号的干扰信号主要为机械振动和爆破信号。图 2.6 所示为地下金属矿山开采过程中采集的岩石破裂信号、机械振动信号

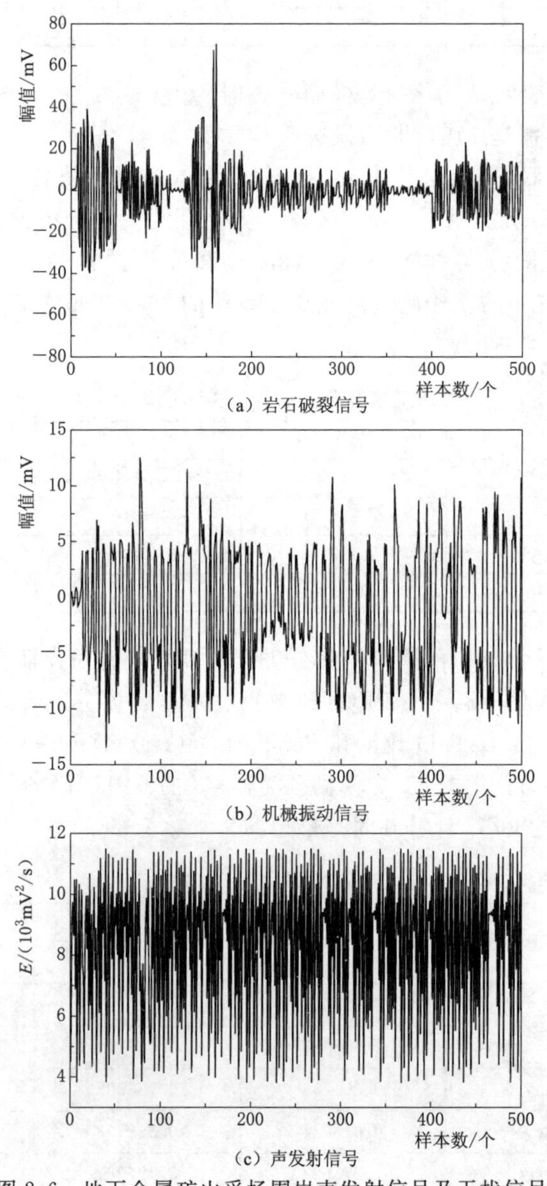

(a) 岩石破裂信号

(b) 机械振动信号

(c) 声发射信号

图 2.6 地下金属矿山采场围岩声发射信号及干扰信号

和声发射信号测试数据，且各为500组。

从地下金属矿山采场围岩声发射信号及干扰信号数据中取120个有效样本数据，60个为训练集（岩石破裂信号20个、机械振动信号20个和声发射信号20个），60个为样本测试集（岩石破裂信号20个、机械振动信号20个和声发射信号20个），分别采用模糊分类器C2、模糊分类器C3和本研究提出的模糊分类器C1进行地下金属矿山采场围岩声发射信号及干扰信号测试数据分类，其结果见表2.5。从表2.5可以得知，采用模糊分类器C2、模糊分类器C3和本研究提出的模糊分类器C1的分类精度分别为81.67%，86.67%和90.00%。

表2.5　测试数据分类结果

模糊分类器	分类错误数			分类精度/%
	岩石破裂信号	机械振动信号	声发射信号	
C1	2	2	2	90.00
C2	3	4	4	81.67
C3	2	3	3	86.67

可见，提出的基于改进混沌免疫算法优化的Mamdani模糊分类器由于在构造适应度函数时，将模糊分类有效性指标和模糊分类正确样本数为适应度函数的子目标，从而使不同的样本有不同的贡献，故在较大程度上减弱了噪声和孤立点对分类的影响，使学习算法在代价敏感数据或含噪声数据的情况下更加具有稳健性。

2.4　本章小结

（1）提出以双边高斯隶属度函数参数为约束条件，以模糊分类有效性指标和模糊分类正确样本数为适应度函数的子目标，建立了采用改进混沌免疫算法优化的Mamdani模糊分类器，仿真实验结果表明，提出的基于改进混沌免疫算法的Mamdani模糊分类器能有效提高带噪声点和异常点数据集分类的预测精度。

（2）针对地下金属矿山采场围岩声发射信号及干扰信号的小样本分类研究问题，提出的基于改进混沌免疫算法的Mamdani模糊分类器进行了地下金属矿山采场围岩声发射信号及干扰信号的分类识别，结果表明，基于改进混沌免疫算法的Mamdani模糊分类器分类精度为90.00%，可实现对地下金属矿山采场围岩声发射信号及干扰信号的准确诊断。

本章参考文献

[1] 左红艳．地下金属矿山开采安全机理辨析及灾害智能预测研究［D］．长沙：中南大学，2012：95－100.

[2] XIE J L，XU J L，ZHU W B. Gray algebraic curve model－based roof separation prediction method for the warning of roof fall accidents［J］. Arabian Journal of Geosciences，2016，9（8）：514.

[3] PALEI S K，DAS S K. Logistic regression model for prediction of roof fall risks in bord and pillar workings in coal mines：An approach［J］. Safety Science，2009，47（1）：88－96.

[4] LIU H T，MA N J，GONG P N，et al. The Technology Research About Hidden Danger Identification of Tunnel Roof Fall［J］. Procedia Engineering，2011，26：1220－1224.

[5] PHILLIPSON S E. Texture mineralogy and rock strength in horizontal stress－related coal mine roof falls［J］. International Journal of Coal Geology，2008，75（3）：175－184.

[6] MAITI J，KHANZODE V V. Development of a relative risk model for roof and side fall fatal accidents in underground coal mines in India［J］. Safety Science，2009，47（8）：1068－1076.

[7] BOBICK T G，MCKENZIE JR. E A，KAU T Y. Evaluation of guardrail systems for preventing falls through roof and floor holes［J］. Journal of Safety Research，2010，41（3）：203－211.

[8] BERTONCINI C A，HINDERS M K. Fuzzy classification of roof fall predictors in microseismic monitoring［J］. Measurement，2010，43（10）：1690－1701.

[9] LI W，YE Y，WANG Q，et al. Fuzzy risk prediction of roof fall and rib spalling：based on FFTA－DFCE and risk matrix methods［J］. Environmental Science and Pollution Research，2020，27（8）：8535－8547.

[10] ASAD M W，DIMITRAKOPOULOS R. Optimal production scale of open pit mining operations with uncertain metal supply and long－term stockpiles［J］. Resources Policy，2012，37（1）：81－89.

[11] 左红艳，罗周全，王益伟，等．基于模糊自适应变权重算法的采场冒顶函数链神经网络预报［J］．中国有色金属学报，2011，21（4）：894－900.

[12] ZUO H Y，LUO Z Q，GUAN J L，et al. Identification on rock and soil parameters for vibration drilling rock in the metal mine based on the fuzzy least square support vector machine［J］. Journal of Central South University，2014，21（3）：1085－1090.

[13] 罗周全，左红艳，吴超，等．基于改进 EMD 的地下金属矿山采场围岩声发射信号去噪声处理［J］．中南大学学报（自然科学版），2013，44（11）：4694－4702.

[14] AISSAOUI O，MADANI Y E A，OUGHDIR L，et al. A fuzzy classification approach for learning style prediction based on web mining technique in e－learning environments［J］. Education and Information Technologies，2019，24（3）：1943－1959.

[15] YANG J, YECIES B, MA J, et al. Sparse fuzzy classification for profiling online users and relevant user - generated content [J]. Expert Systems With Applications, 2022, 194: 116497.

[16] SHANG C, BARNES D, SHEN Q. Facilitating efficient Mars terrain image classification with fuzzy - rough feature selection [J]. International Journal of Hybrid Intelligent Systems, 2011, 8 (1): 3 - 13.

[17] WANG Y N, LI C S, ZUO Y. A Selection Model for Optimal Fuzzy Clustering Algorithm and Number of Clusters Based on Competitive Comprehensive Fuzzy Evaluation [J]. IEEE Transactions on Fuzzy Systems, 2009, 17 (3): 568 - 577.

[18] CAMPELLO R J G B. A fuzzy extension of the Rand index and other related indexes for clustering and classification assessment [J]. Pattern Recognition Letters, 2007, 28 (7): 833 - 84

[19] 李春生. 模糊聚类的组合方法及其应用研究 [D]. 长沙: 湖南大学, 2010.

[20] WU K L, YANG M S. Alternative C - means clustering algorithm [J]. Pattern Recognition, 2002, 35 (10): 2267 - 2278.

[21] SABERI H, SHARBATI R, FARZANEGAN B. A gradient ascent algorithm based on possibilistic fuzzy C - Means for clustering noisy data [J]. Expert Systems With Applications, 2022, 191: 116153.

[22] WU X, ZHOU J, WU B, et al. Identification of tea varieties by mid - infrared diffuse reflectance spectroscopy coupled with a possibilistic fuzzy c - means clustering with a fuzzy covariance matrix [J]. Journal of Food Process Engineering, 2019, 42 (8): 13298.

[23] DAN Y, TAO J, FU J, et al. Possibilistic Clustering - Promoting Semi - Supervised Learning for EEG - Based Emotion Recognition [J]. Frontiers in Neuroscience, 2021, 15: 690044.

[24] SZILAGYI L. Robust Spherical Shell Clustering Using Fuzzy - Possibilistic Product Partition [J]. International Journal of Intelligent Systems, 2013, 28 (6): 524 - 539.

[25] ZUO H Y, LUO Z Q, WU C. Research on classification effectiveness of the novel Mamdani fuzzy classifier [J]. Applied Mechanics and Materials, 2014: 511 - 512, 871 - 874.

[26] 邢宗义, 侯远龙, 贾利民. 基于多目标遗传算法的模糊分类系统设计 [J]. 东南大学学报 (自然科学版), 2006, 36 (5): 725 - 731.

第3章　地下金属矿山采场围岩声发射信号降噪处理

地下金属矿山开采对采场围岩造成采动损害，改变了地下金属矿山采场岩体的平衡状态[1]，采动影响导致地下金属矿山采场围岩失稳现象是常见的灾害事故。在地下金属矿山采场围岩声发射信号实际测试过程中，采集到的围岩声发射信号将不可避免地受到白噪声、局部高频化噪声等干扰，导致获取的围岩声发射信号出现不同程度上的失真。尽管傅里叶滤波算法[2]可滤除高斯白噪声，但同时也会滤除围岩声发射信号中十分重要的高频信息；此外，样条拟合方法[3]在较好地抑制高斯白噪声的同时，也同样会将无关信息引入地下金属矿山采场围岩声发射信号时间序列等信号；小波变换极大模算法的主要缺点是准确度不高[4,5]，而经验模态分解（Empirical Mode Decomposition，EMD）方法是由 Huang 等发展的一种新的数据分析方法[6-8]，该方法能有效地去除高斯白噪声对采集信号的干扰，而且不删除采集信号中的有用信息，不引入无关信息，消噪效果好，但经验模态分解方法[9,10]中需要依靠主观经验选择合适的连续本征模函数（Intrinsic Mode Function，IMF）进行组合重构信号，其滤波信噪比的高低必然会受到主观经验的较大制约。

为此，提出一种地下金属矿山采场围岩声发射信号 EMD 新型滤波器，可通过确定高通滤波器、低通滤波器和带通滤波器所组成的滤波器组的滤波等级 k 而选择相应滤波器进行滤波重构信号的改进 EMD 方法，可为地下金属矿山采场围岩声发射信号提取提供技术保障。

3.1　基于改进 EMD 的地下金属矿山采场围岩声发射信号去噪声方法

3.1.1　地下金属矿山采场围岩声发射信号的经验模态分解条件

地下金属矿山采场围岩声发射信号 IMF 分量要满足如下条件：①整个数据序列的极大、极小值数目与过零点数目相等或最多相差一个；②地下金属矿山采场围岩声发射信号数据序列的任意一点由极大值所确定的包络与由极小值所确定的包络均值始终为零。

这两个条件使分解得到的所有地下金属矿山采场围岩声发射信号 IMF 分量是窄带信号。而且这种分解应满足假设：①地下金属矿山采场围岩声发射信号至少有一个极大值和一个极小值；②特征时间尺度是由极值间的时间间隔所确定；③如果数据中没有极值点，而只有拐点，可通过一阶或多阶微分得到极值点，再通过分解、积分的方法获得 IMF 分量。

3.1.2 地下金属矿山采场围岩声发射信号 EMD 端点问题处理

基于三次样条插值的特点，当原始的地下金属矿山采场围岩声发射信号的两端点不是极值点时，若能够根据端点以内极值点序列的规律，得到地下金属矿山采场围岩声发射信号时间序列在端点处的近似值，则可以防止对极值点进行样条插值得到的包络线出现极大的摆动。取出地下金属矿山采场围岩声发射信号极值点序列最左端 1/3 的极值点，根据地下金属矿山采场围岩声发射信号数据的间距均值和左端点的幅值，定出左端点需增加的极值点位置和幅值。同理，可定出右端点需增加的极值点位置和幅值，当所构成的新的极大值和极小值数据集的最大间距小于原始的地下金属矿山采场围岩声发射信号时，以近似的左端点处增加的极值点为起始点，向左进行数据对称延拓；以近似的右端点处增加的极值点为起始点，向右进行数据对称延拓。将得到的新的数据作为一个整体进行经验模态分解，需要指出的是所取的结果只是中间部分。虽然该方法只是求出左右端的近似值，对近似极值点进行对称延拓，但延拓的目的不是为了给出准确的原序列以外的数据，而是提供一种条件，使得包络完全由端点以内的数据确定。

3.1.3 地下金属矿山采场围岩声发射信号 EMD 处理过程

对于包含 N 个地下金属矿山采场围岩声发射信号而言，其 EMD 过程具体步骤如下：

(1) 找出地下金属矿山采场围岩声发射信号所有的局部极值点。用三次样条线将所有的局部极大值点和局部极小值点连接起来形成上下包络线，上下包络线应包含所有的数据点。两条包络线的平均值记为 $m_1(t)$，数据 $X(t)$ 与 $m_1(t)$ 之差为 $h_1(t)$：

$$h_1(t)=X(t)-m_1(t) \quad (t=1,2,\cdots,N) \tag{3.1}$$

如果 $h_1(t)$ 满足 IMF 的定义，那么 $h_1(t)$ 是一个 IMF，$h_1(t)$ 就是 $X(t)$ 的第 1 个分量。

(2) 如果 $h_1(t)$ 不满足 IMF 的定义，就把 $h_1(t)$ 作为原始数据，重复以上步骤，得到

$$h_{11}(t)=h_1(t)-m_{11}(t) \tag{3.2}$$

式中：$m_{11}(t)$ 为 $h_1(t)$ 的上下包络线的平均值，然后判断 $h_{11}(t)$ 是否满足 IMF 的定义，若不满足，则重新循环 k 次，得到 $h_{1k}(t)=h_{1(k-1)}(t)-m_{1k}(t)$ 使 $m_{1k}(t)$ 满足 IMF 的定义，记 $c_1(t)=h_{1k}(t)$。

（3）将 c_1 从数据 $X(t)$ 中分离出来得到

$$r_1(t)=X(t)-c_1(t) \tag{3.3}$$

再把 $r_1(t)$ 作为新的原始数据，重复以上步骤，就得到第 2 个满足 IMF 的分量 $c_2(t)$，重复循环下去得到

$$r_{j-1}(t)-c_j(t)=r_j(t) \quad (j=2,3,4,\cdots,n) \tag{3.4}$$

为判断所处理地下金属矿山采场围岩声发射信号不再含有 IMF 分量，一般采取地下金属矿山采场围岩声发射信号 IMF 分量结束循环条件。地下金属矿山采场围岩声发射信号 IMF 分量满足条件②过于苛刻，会删除掉具有物理意义的幅度波动，因此，为保证每一个地下金属矿山采场围岩声发射信号 IMF 分量具有幅度和频率调制的物理意义，把条件②转化为比较容易实现的数量标准。该标准由式（3.5）给出：

$$\lambda_{SD}=\sum_{k=0}^{T}\frac{[m_{1(k-1)}(t)-m_{1k}(t)]^2}{m_{1(k-1)}^2(t)} \tag{3.5}$$

式中：$m_{1k}(t)$ 为 IMF 分量提取模块中本次循环过程中求得的平均包络；$m_{1(k-1)}(t)$ 为第 $k-1$ 次循环过程中求得的平均包络；k 为平均包络线所包含的所有次数，且 $k=0$，…，T。

理想的 λ_{SD} 值应该为 0.2～0.3。满足上述两个条件的 IMF 分量，既是进一步进行 Hilbert 变换的基础，又保证了每个分量蕴含必要的物理意义。

直到 $r_n(t)$ 成为一个单调函数不能从中提取满足地下金属矿山采场围岩声发射信号 IMF 的分量时，循环结束。

这样原始数据可以由地下金属矿山采场围岩声发射信号 IMF 分量和最后残量之和表示为

$$X(t)=\sum_{j=1}^{n}c_j(t)+r_n(t) \tag{3.6}$$

所以可以把地下金属矿山采场围岩声发射信号 $X(t)$ 分解为 n 个地下金属矿山采场围岩声发射信号 IMF 和一个地下金属矿山采场围岩声发射信号残量 $r_n(t)$ 之和，其中分量 $c_1(t),c_2(t),\cdots,c_n(t)$ 分别包含了信号从高到低不同频率段的成分，而且不是等带宽的，EMD 方法是一个自适应的信号分解方法，这是它优于小波包分析的地方。

（4）估计 IMF 系数的小波阈值方法。对于噪声和声发射信号在 IMF 成分混叠的情况，直接利用尺度滤波方法将不能除去噪声。这时，可采用小波变换中的软硬阈值折衷法对每一个 IMF 成分作阈值处理。则阈值处理后的 IMF 系

数 $\hat{w}_{j,k}$ 可表示为

硬阈值：

$$\hat{w}_{j,k}=\begin{cases}w_{j,k} & |w_{j,k}|\geqslant\lambda\\0 & |w_{j,k}|<\lambda\end{cases} \tag{3.7}$$

式中：λ 为阈值，$\lambda=\sigma\sqrt{\ln(N_1)}/0.6745$，其中 σ 是噪声的方差，N_1 为噪声和声发射信号在 IMF 成分混叠信号的长度。

软阈值：

$$\hat{w}_{j,k}=\begin{cases}\operatorname{sign}(w_{j,k})(|w_{j,k}|-\lambda) & |w_{j,k}|\geqslant\lambda\\0 & |w_{j,k}|<\lambda\end{cases} \tag{3.8}$$

3.1.4 地下金属矿山采场围岩声发射信号 EMD 新型滤波器设计

基于以上方法与步骤设计的地下金属矿山采场围岩声发射信号 EMD 新型滤波器如图 3.1 所示。

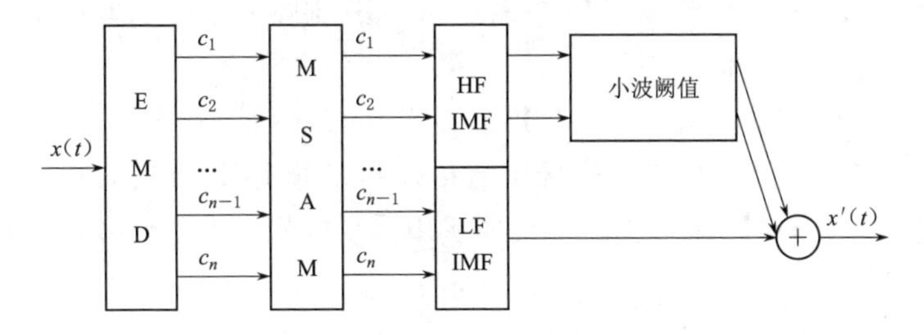

图 3.1 地下金属矿山采场围岩声发射信号 EMD 新型滤波器

从地下金属矿山采场围岩声发射信号 IMF 筛选的过程看，EMD 分解过程总是不断提取地下金属矿山采场围岩声发射信号中的高频部分，即 $c_j(t)$ 总是包含比 $c_{j-1}(t)$ 更低的频率部分，因此通过选择不同连续的 IMF 进行线性组合可以得到不同频段的信号，所以地下金属矿山采场围岩声发射信号 EMD 滤波方法可以等效为确定高通滤波器、低通滤波器和带通滤波器所组成的滤波器组的滤波等级 k，并选择相应滤波器进行滤波的方法。

因此，地下金属矿山采场围岩声发射信号高通滤波器表示为

$$X(t)=\sum_{j=1}^{k_1}c_j(t) \tag{3.9}$$

式中：k_1 为高通滤波器参数，$k_1=n/(Q+1)$，其中 Q 为地下金属矿山采场围岩声发射信号品质因子，可根据地下金属矿山采场围岩声发射信号特征在 1～3 范围内取值。

地下金属矿山采场围岩声发射信号低通滤波器表示为

$$X(t)=\sum_{j=k_2}^{n}c_j(t)+r_n(t) \tag{3.10}$$

式中：k_2 为低通滤波器参数，$k_2=n-n/(Q+1)$。

地下金属矿山采场围岩声发射信号带通滤波器表示为

$$X(t)=\sum_{j=k_1}^{k_2} c_j(t) \tag{3.11}$$

设地下金属矿山采场围岩声发射信号由反映围岩动态特征的期望信号 $s(t)$ 和白噪声 $e(t)$ 组成，则地下金属矿山采场围岩声发射信号 $X(t)$ 可表示为

$$X(t)=s(t)+e(t) \tag{3.12}$$

地下金属矿山采场围岩声发射信号 $X(t)$ 的变化趋势主要取决于期望信号 $s(t)$ 的变化，而噪声 $e(t)$ 表现为在期望信号 $s(t)$ 上的波动，$s(t)$ 的变化相对 $e(t)$ 是一低频信号。因此在EMD分解过程中，期望信号 $s(t)$ 的能量多数集中在 k 级低频部分的IMF中，而噪声 $e(t)$ 能量则多数集中在 $k-1$ 级表示相对高频部分的IMF中，所以地下金属矿山采场围岩声发射信号重构信号 $X_k(t)$ 的信噪比 $f[X_k(t)]$ 应高于地下金属矿山采场围岩声发射信号重构信号的信噪比 $f[X_{k-1}(t)]$，即

$$f[X_k(t)]>f[X_{k-1}(t)] \tag{3.13}$$

为此，采用地下金属矿山采场围岩声发射信号IMF分量的相邻两个重构信号的均方误差 $\sigma(k)$ 来检测地下金属矿山采场围岩声发射信号重构信号信噪比的提高程度，即

$$\sigma(k)=\frac{1}{N}\sum_{i=1}^{N}[X_{k-1}(t)-X_k(t)]^2=\frac{1}{N}\sum_{i=1}^{N}[c_k(t)]^2 \tag{3.14}$$

当地下金属矿山采场围岩声发射信号相邻两个重构信号的均方误差 $\sigma(k)$ 达到最大值时，地下金属矿山采场围岩声发射信号重构信号 $X_k(t)$ 具有最大的信噪比。因此重构信号 $X_k(t)$ 的等级 k 可确定为

$$k=\text{argmax}[\alpha(k)] \quad (1\leqslant k\leqslant n) \tag{3.15}$$

式（3.14）和式（3.15）表明地下金属矿山采场围岩声发射信号期望信号 $s(t)$ 的能量主要集中在一定时间尺度内波动幅度最大的IMF中，因此式(3.13)～式（3.15）提供了确定地下金属矿山采场围岩声发射信号重构信号 $X_k(t)$ 的IMF等级 k 的方法。

通过确定 k 值即可按照式（3.9)～式（3.11）重构地下金属矿山采场围岩声发射信号的输出信号，从而实现对地下金属矿山采场围岩声发射信号的去噪声处理。

3.1.5 基于改进EMD的去噪声方法仿真实例

1. 含噪声近似正弦函数动态信号去噪声方法仿真实例

为验证基于改进EMD的地下金属矿山采场围岩声发射信号去噪声方法的有效性，采用Matlab2008生成如图3.2所示的近似正弦函数动态信号，同时

对图 3.2 所示的近似正弦函数动态信号添加随机信号而生成如图 3.3 所示的含噪声近似正弦函数动态信号。

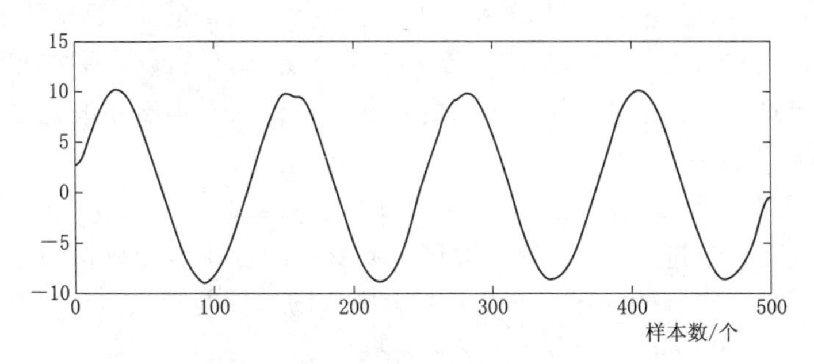

图 3.2　近似正弦函数动态信号

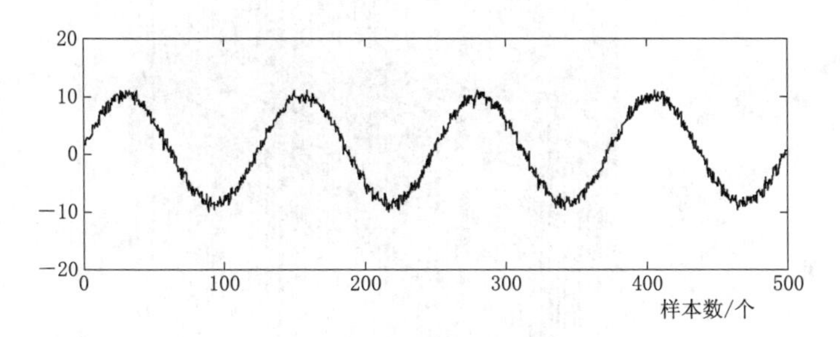

图 3.3　含噪声近似正弦函数动态信号

分别采用 EMD 方法、小波包分解方法和提出的改进 EMD 方法，对图 3.3 所示的含噪声近似正弦函数动态信号进行去噪声处理后，得到的动态信号与图 3.2 所示信号的相对误差如图 3.4 所示。

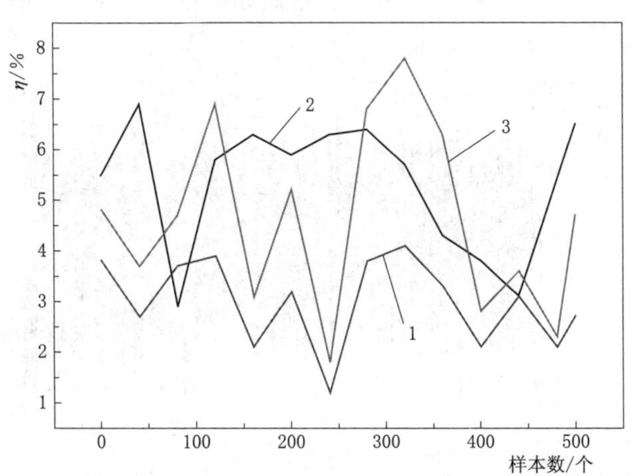

图 3.4　三种去噪处理方法的相对误差比较

1—改进 EMD 方法；2—EMD 方法；3—小波包分解方法

由图 3.4 可见，小波包分解重构信号的最大相对误差 η 为 7.88%，最小相对误差为 1.9%，平均相对误差为 4.83%；EMD 重构信号最大相对误差为 6.9%，最小相对误差为 3.1%，平均相对误差为 4.45%。而提出的改进 EMD 重构信号最大相对误差为 4.11%，最小相对误差为 1.34%，平均相对误差为 2.95%。可见提出的改进 EMD 方法的去噪声误差明显小于小波包分解重构方法和 EMD 方法的去噪声误差。

2. 含噪声随机振动动态信号去噪声方法仿真实例

采用提出的改进 EMD 方法，对图 3.4 所示的含噪声随机振动动态信号进行去噪声处理，得到的如图 3.5 所示的含噪声随机振动动态信号 IMF 分量。

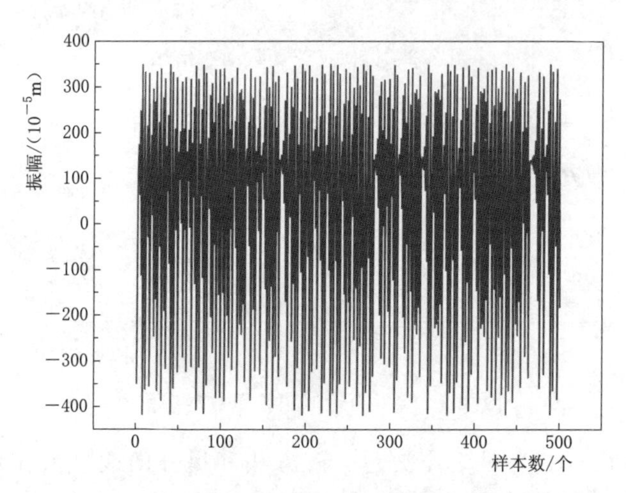

图 3.5 含噪声随机振动动态信号 IMF 分量

在图 3.6 中，IMF1～IMF9 依次表示高频段成分占主要成分的含噪声随机

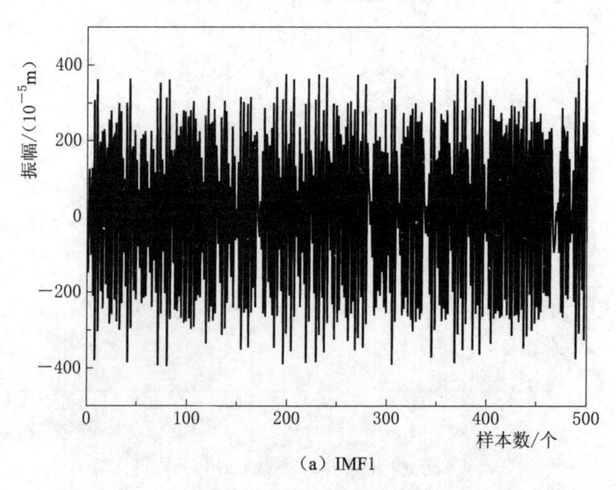

(a) IMF1

图 3.6（一） 含噪声随机振动动态信号 IMF 分量

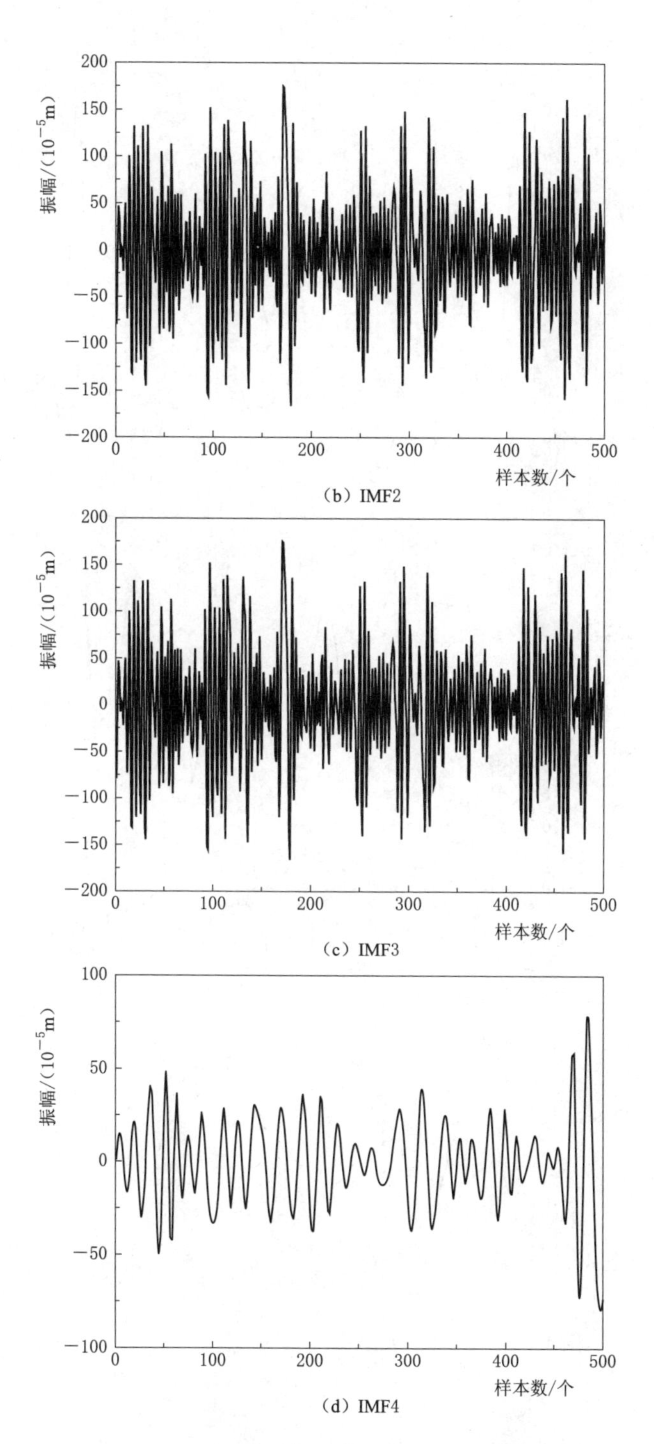

(b) IMF2

(c) IMF3

(d) IMF4

图 3.6(二) 含噪声随机振动动态信号 IMF 分量

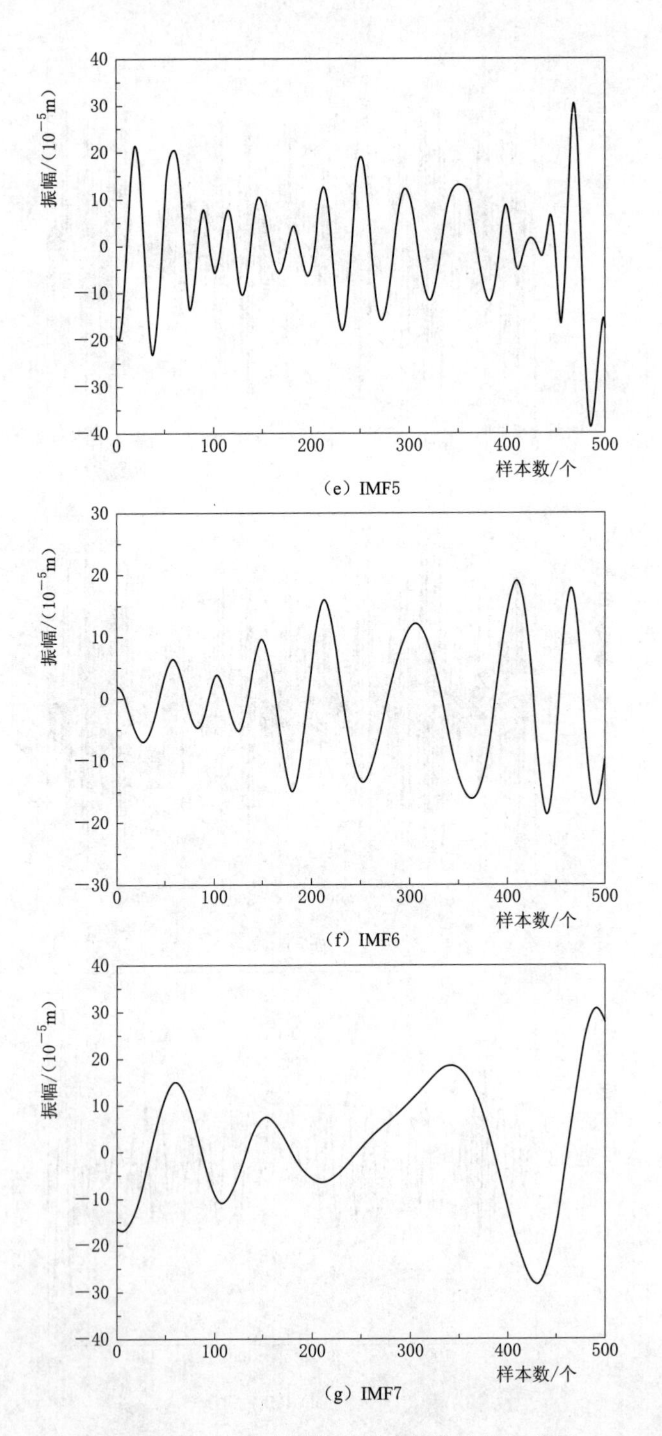

图 3.6（三） 含噪声随机振动动态信号 IMF 分量

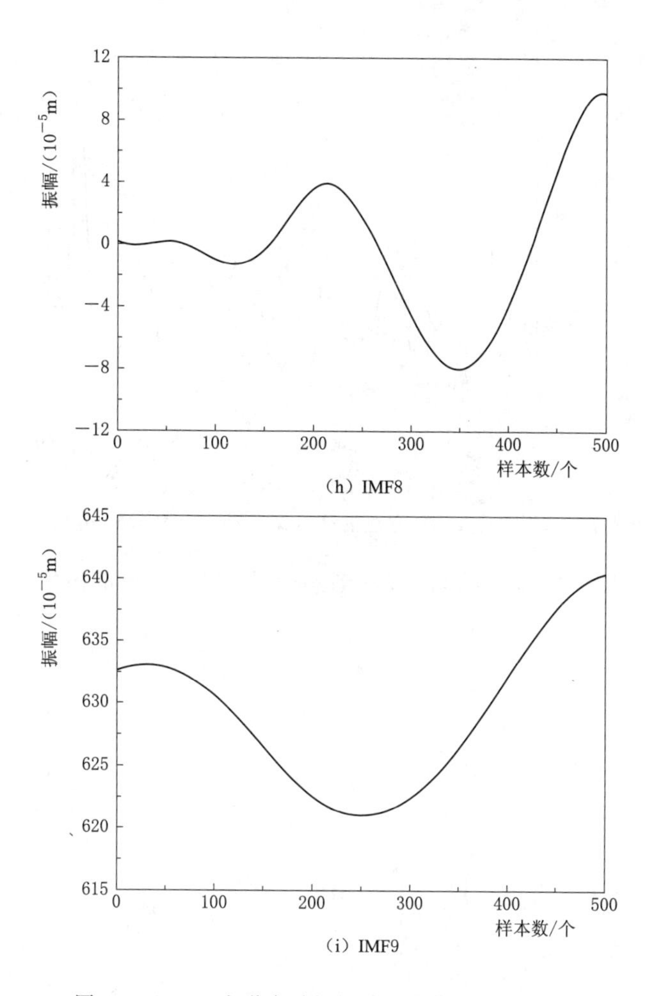

(h) IMF8

(i) IMF9

图 3.6(四) 含噪声随机振动动态信号 IMF 分量

振动动态信号，向低频段成分占主要部分的含噪声随机振动动态信号分解变换，逐次把含噪声随机振动动态信号的频率分量从高到低分解出来。由于经验模态分解方法本身的特点，含噪声随机振动动态信号的经验模态分解基底函数是自适应的。因此，含噪声随机振动动态信号的 IMF1～IMF9 分量是随机振动动态信号信号直接和真实的反映。

因此按照式(3.10)重构的随机振动动态信号如图 3.7 所示。从图 3.7 可知，采用改进 EMD 方法进行去噪处理后，重构后的随机振动动态信号波形光滑，能很好地反映随机振动动态信号的真实趋势。

此外，采用 EMD 方法、小波包分解方法，对图 3.5 所示的含噪声随机振动动态信号进行去噪声处理后，得到的动态信号 IMF 分量重构与图 3.7 所示

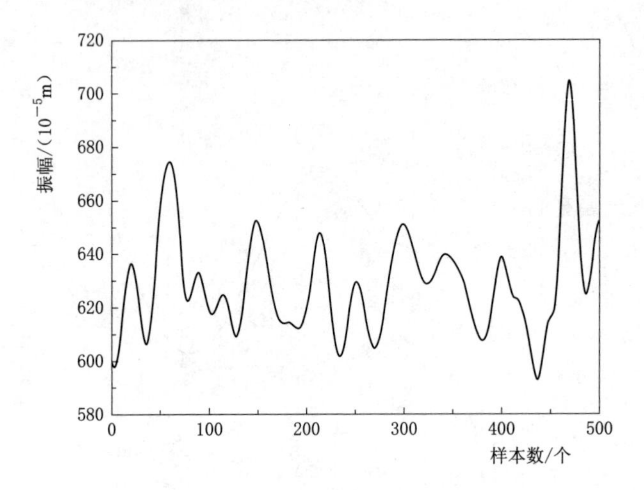

图 3.7 基于改进 EMD 方法的随机振动动态信号 IMF 分量重构

的，基于改进 EMD 方法的随机振动动态信号 IMF 分量重构的对比结果，如图 3.8 所示。

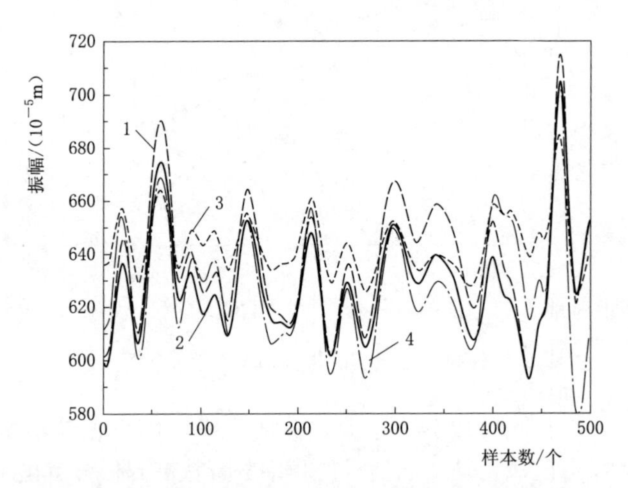

图 3.8 三种去噪处理方法后重构随机振动动态信号比较

1—不含噪声随机振动动态信号；2—改进 EMD 方法；3—小波包分解方法；4—EMD 方法

由图 3.8 可见，经小波包分解去噪声处理与重构后的随机振动动态信号、经 EMD 去噪声处理与重构后的随机振动动态信号与不含噪声的随机振动动态信号偏离较大。而提出的改进 EMD 方法去噪声处理与重构后的随机振动动态信号与不含噪声的随机振动动态信号十分接近。可见提出的改进 EMD 方法的去噪声能力明显强于小波包分解重构方法和 EMD 方法的去噪声能力。

3.2 地下金属矿山采场围岩声发射信号去噪声处理实现

3.2.1 地下金属矿山采场围岩声发射能率信号经验模态分解和 Hilbert 谱

以某南方地下铅锌矿围岩声发射信号为例，对基于改进 EMD 的地下金属矿山采场围岩声发射信号去噪声方法的应用效果进行实例验证。在某南方地下铅锌矿采场测取 500 个含噪声的地下金属矿山采场围岩声发射能率 E 信号数据，如图 3.9 所示。

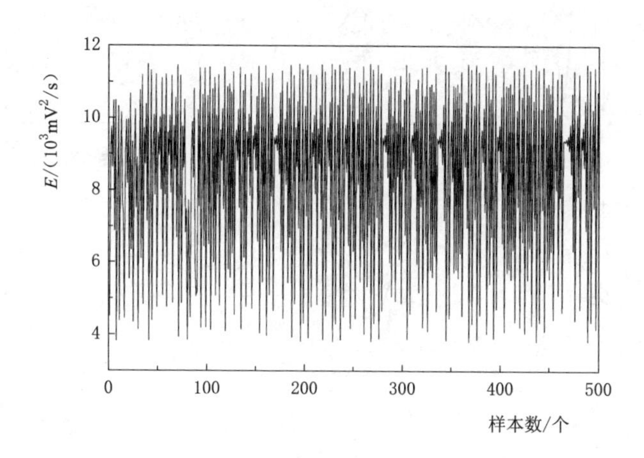

图 3.9 含噪声的地下金属矿山采场围岩声发射信号

图 3.10 即为地下金属矿山采场围岩声发射能率 E 信号通过经验模态分解得到的 IMF1～IMF8 分量。

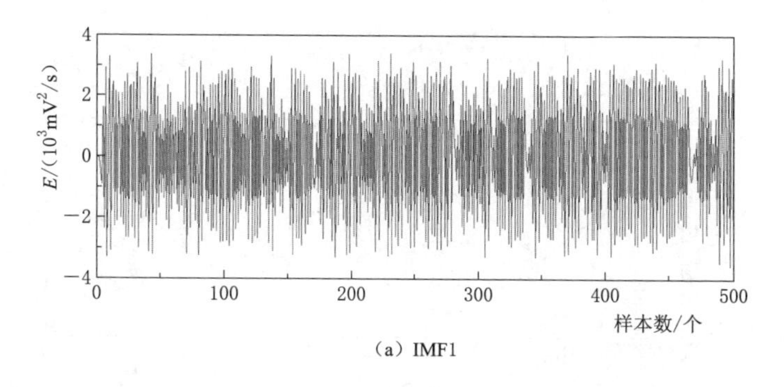

(a) IMF1

图 3.10（一） 地下金属矿山采场围岩声发射信号 IMF 分量

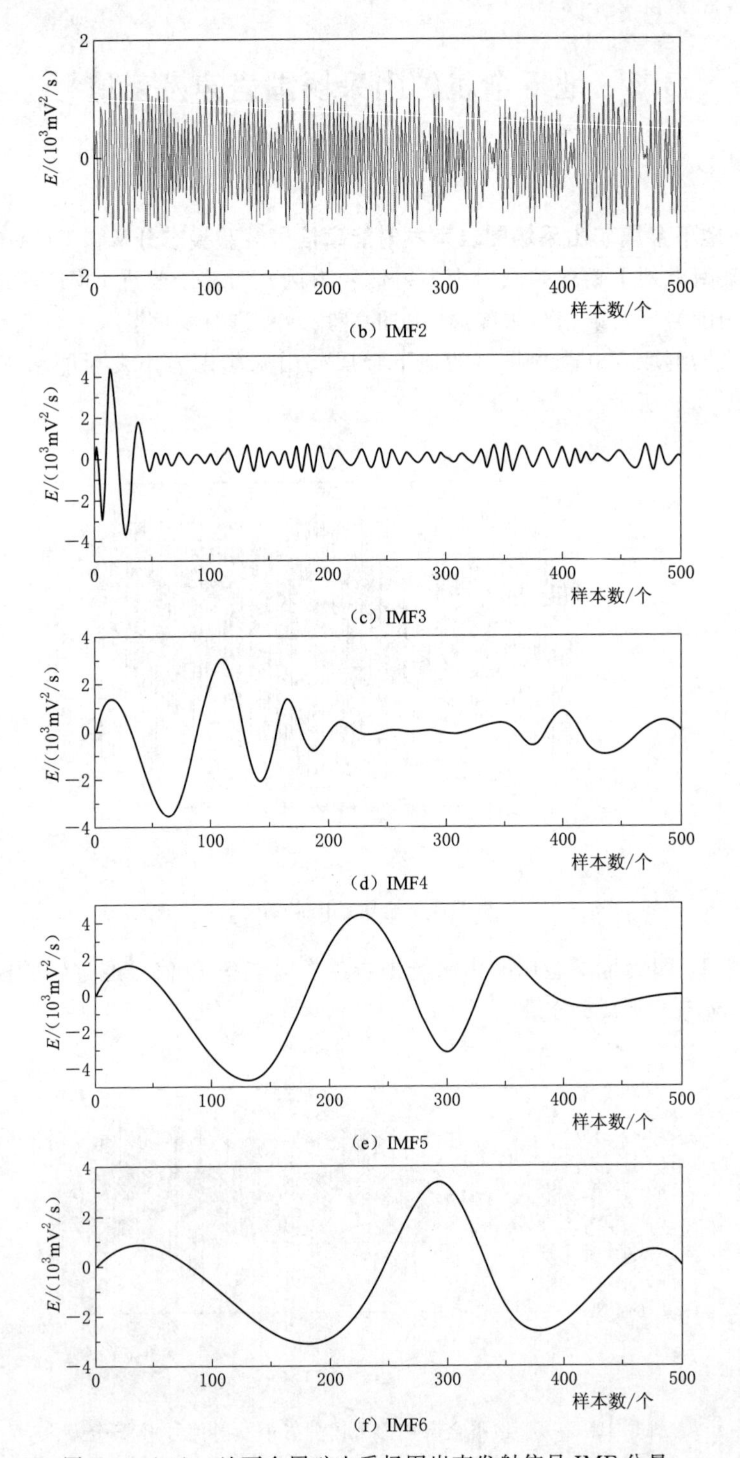

图 3.10（二）　地下金属矿山采场围岩声发射信号 IMF 分量

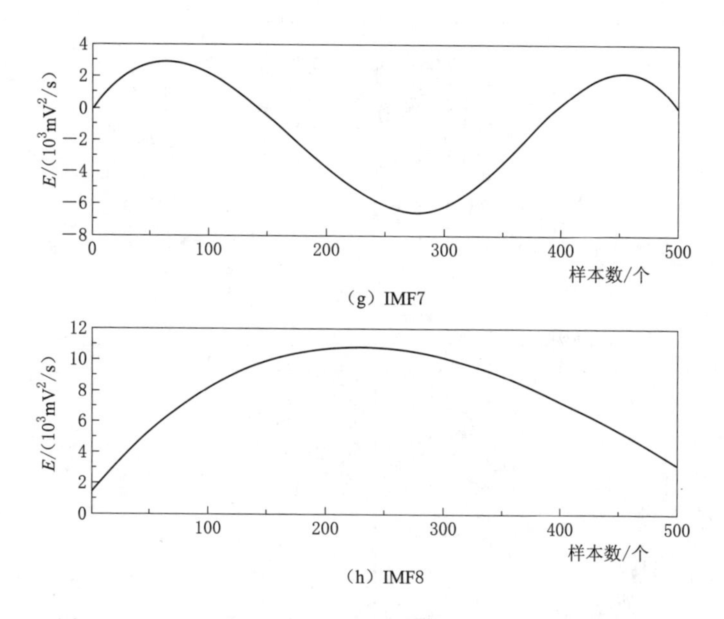

(g) IMF7

(h) IMF8

图 3.10（三） 地下金属矿山采场围岩声发射信号 IMF 分量

在图 3.10 中，IMF1～IMF8 依次表示本征模函数由低阶向高阶发展变化，即依次表示高频段成分占主要成分的地下金属矿山采场围岩声发射能率 E 信号，向低频段成分占主要部分的地下金属矿山采场围岩声发射能率 E 信号自适应分解变换，逐次把地下金属矿山采场围岩声发射能率 E 信号的频率分量从高到低分解出来。由经验模态分解方法本身的特点可知，地下金属矿山采场围岩声发射能率 E 信号的经验模态分解基底函数是自适应的。因此，不会像传统的信号分析方法那样受到先验基底函数的影响，所得到的地下金属矿山采场围岩声发射能率 E 信号的 IMF1～IMF8 分量是信号直接和真实的反映，其 IMF1～IMF8 分量的 Hilbert 谱如图 3.11 所示。

3.2.2 地下金属矿山采场围岩声发射能率信号重构信号确定

由图 3.11 所示的地下金属矿山采场围岩声发射能率 E 信号的 IMF1～IMF8 分量的 Hilbert 谱可知，地下金属矿山采场围岩声发射能率 E 信号的能量主要集中在 IMF7、IMF8 上，其频率集中在 0.05～4.50Hz，故对地下金属矿山采场围岩声发射能率 E 信号的 IMF 分量进行重构时应该舍去 IMF1、IMF2、IMF3、IMF4、IMF5 与 IMF6，只对 IMF7、IMF8 进行重构。此外，采用式（3.14）和式（3.15）可得地下金属矿山采场围岩声发射信号 IMF 分量的相邻两个重构信号信噪比提高等级 k 的变化，如图 3.12 所示。由图 3.12 可知，地下金属矿山采场围岩声发射能率 E 信号的相邻两个重构信号的均方误差 $\sigma(k)$ 达到最大值时，所对应的期望信号能量主要集中在第 7 级 IMF 及其

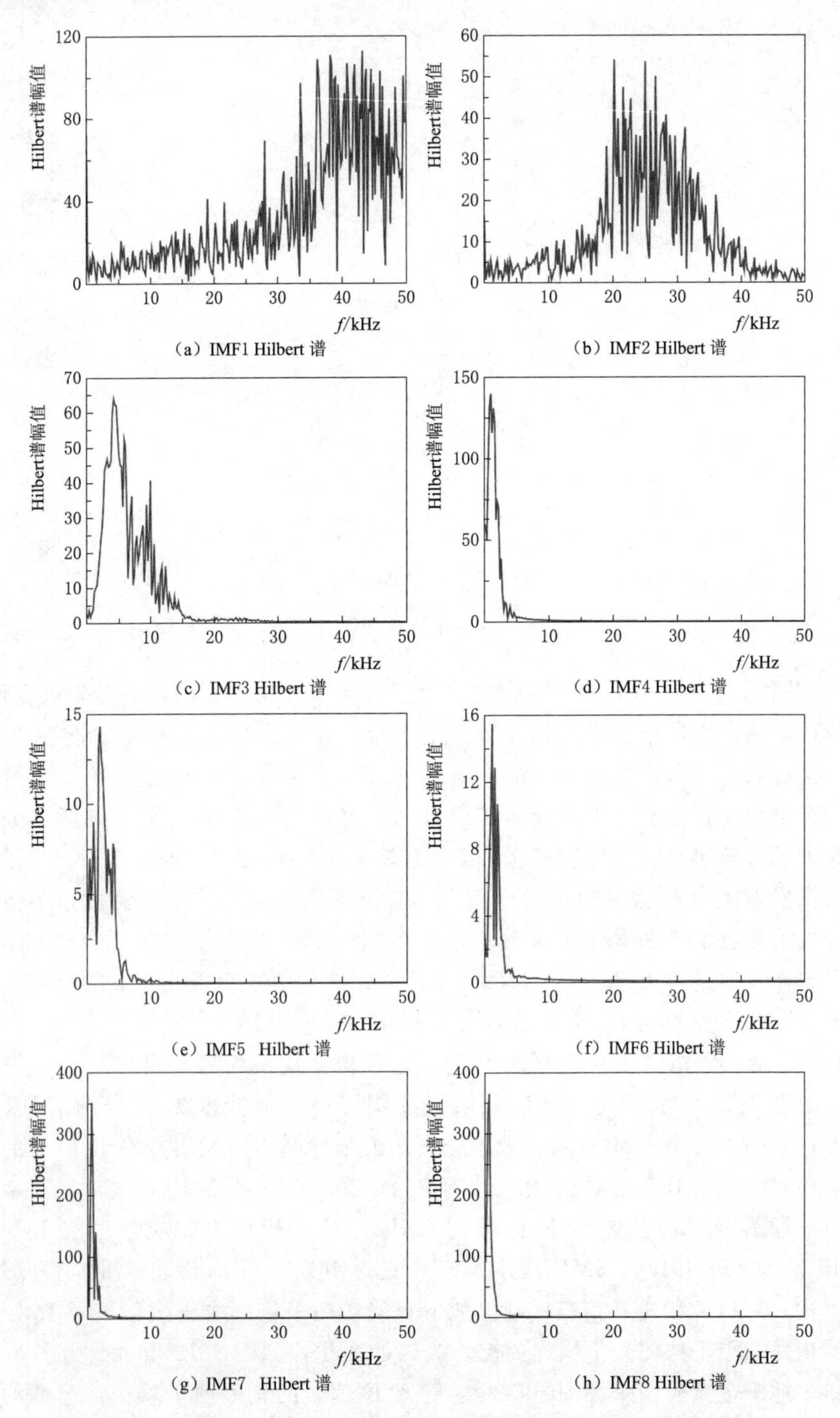

图 3.11　地下金属矿山采场围岩声发射能率 E 信号的 Hilbert 谱

后级 IMF 中。地下金属矿山采场围岩声发射信号重构信号 $X_k(t)$ 的 IMF 等级 k 的取值为 7。故对地下金属矿山采场围岩声发射能率 E 信号的 IMF 分量进行重构时，也应该舍去 IMF1、IMF2、IMF3、IMF4、IMF5 与 IMF6，而只对 IMF7、IMF8 进行重构。可见，采用 Hilbert 谱对地下金属矿山采场围岩声发射能率 E 信号的 IMF 分量进行重构和采用地下金属矿山采场围岩声发射信号重构信号 $X_k(t)$ 的 IMF 等级 k 的方法进行重构是一致的，但却更为快捷和有效。

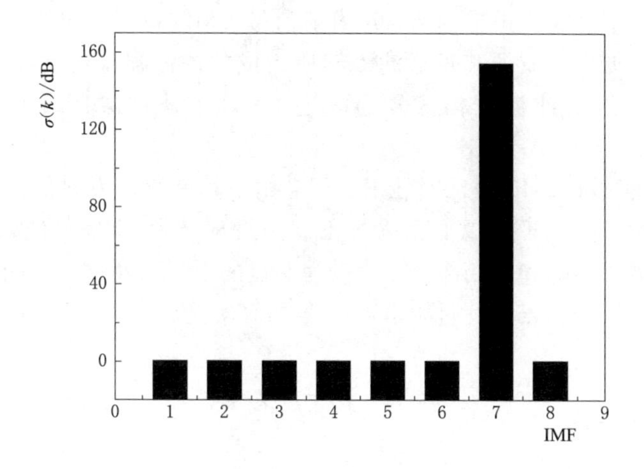

图 3.12　相邻两个重构信号信噪比的变化

因此按照式（3.10）重构的地下金属矿山采场围岩声发射能率 E 信号如图 3.13 所示。

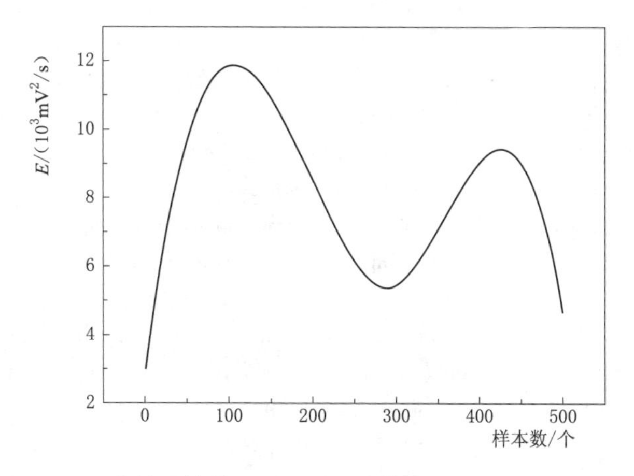

图 3.13　IMF 分量重构的地下金属矿山采场围岩声发射能率 E 信号

从图 3.13 可以得知，经改进 EMD 方法去噪处理后，重构后的地下金属矿山采场围岩声发射能率 E 信号波形变得光滑，也很好地保留了尖峰和突变部分，为较为明显的阻尼振荡过程，能较好地反映地下金属矿山采场围岩声发射能率 E 信号的真实趋势。

3.3 本章小结

（1）针对经验模态分解重构信号的滤波信噪比高低受主观经验制约问题。提出了一种地下金属矿山采场围岩声发射信号 EMD 新型滤波器，可通过确定高通滤波器、低通滤波器和带通滤波器所组成的滤波器组的滤波等级 k 而选择相应滤波器进行滤波重构信号的改进 EMD 方法，仿真结果表明，改进 EMD 方法的去噪声误差较小。

（2）利用改进 EMD 方法对地下金属矿山采场围岩声发射信号进行了去噪声处理，重构后的地下金属矿山采场围岩声发射能率 E 信号波形变得光滑，也很好地保留了尖峰和突变部分，为较为明显的阻尼振荡过程，能较好地反映地下金属矿山采场围岩声发射能率 E 信号的真实趋势。

本章参考文献

[1] 左红艳，罗周全．地下金属矿山开采过程人机环境安全机理辨析与灾害智能预测[M]. 北京：中国水利水电出版社，2014.

[2] RAKESH Y，KRISHNA R K. Short time fourier transform with coefficient optimization for detecting salient regions in stereoscopic 3D images：GSDU [J]. Multimedia Tools and Applications，2020，79 (13 - 14)：8801 - 8824.

[3] KARIMOV A，BUTUSOV D，ANDREEV V，et al. Rational Approximation Method for Stiff Initial Value Problems [J]. Mathematics，2021，9 (24)：3185.

[4] CHANG C H，NI Y C，TSENG S P. Calculation of effective atomic numbers using a rational polynomial approximation method with a dual - energy X - ray imaging system [J]. Journal of X - Ray Science and Technology，2021，29 (2)：317 - 330.

[5] KAZAKOVA A，KIM I. Geopolitical - Risk and Economic Policy - Uncertainty Impacts on Tourist Flows from Neighboring Countries：A Wavelet Analysis [J]. Sustainability，2021，13 (24)：13751.

[6] HUANG N E，SHEN Z，LONG S R，et al. The empirical mode decomposition and the Hilbert spectrum for nonlinear and non - stationary time series analysis [J]. Proceedings of the Royal Society of London Series A，1998，454：903 - 995.

[7] 鄂加强，王春华，龚金科，等．铜火法冶炼热动力学系统实测数据 EMD 处理 [J]. 中国有色金属学报，2008，18 (5)：946 - 951.

[8] FAN X. A method for the generation of typical meteorological year data using ensemble empirical mode decomposition for different climates of China and performance compari-

son analysis [J]. Energy, 2022, 240: 122822.

[9] CHEN Z, LING B W K. Identification of wrist movements based on magnetoencephalograms via noise assisted multivariate empirical mode decomposition [J]. Biomedical Signal Processing and Control, 2022, 72: 103307.

[10] HUANG Z, LING B W K. Sleeping stage classification based on joint quaternion valued singular spectrum analysis and ensemble empirical mode decomposition [J]. Biomedical Signal Processing and Control, 2022, 71: 103086.

第 4 章　地下金属矿山采场围岩声发射信号混沌特性研究

地下金属矿山采场往往潜藏着重大事故隐患，可能诱发采场地压剧烈显现、大规模岩移、矿岩整体失稳、巷道顶板突发性冒落以及岩爆等，造成财产损失和人员伤亡。而用于监测地下金属矿山采场围岩形变的采场围岩声发射信号为一个开放的复杂系统，其各个变量之间存在错综复杂的非线性关系，并很难用数学描述各影响因素。因此，如何有效地辨析地下金属矿山采场围岩声发射信号时间序列的非线性特性，并建立能很好拟合该数据特征的非线性模型显得十分重要和紧迫。

近 30 年来混沌与分形理论在气象、地震、资源环境、工程应用以及经济上预测的成功应用[1-9]为该问题的解决提供了新的思路。混沌理论能从一个输出变量的时间序列有效地提取出系统的动力特性，找出时间序列中包含的丰富的信息以及参与动态的全部变量的痕迹，到达真正认识该系统的目的。因此，如何能较准确地判断辨析地下金属矿山采场围岩声发射信号时间序列中是否含有非线性混沌特性，成为地下金属矿山采场围岩安全辨析与预警分析中较为重要的问题，可为建立良性地下金属矿山采场环境提供前提条件。

4.1　地下金属矿山采场围岩声发射信号时间序列递归图分析方法

4.1.1　递归图基本概念

对于地下金属矿山采场围岩声发射信号时间序列 $\{x_1(t), x_2(t), \cdots, x_i(t), \cdots, x_n(t)\}$，根据 Takens 嵌入定理[10]，当嵌入维数为 m，延迟时间为 τ 时，地下金属矿山采场围岩声发射信号时间序列第 i 个元素相空间重构后的向量形式为

$$X_i(t)=\{x_i(t), x_i(t+\tau), x_i(t+2\tau), \cdots, x_i(t+(m-1)\tau)\}^T \tag{4.1}$$

定义地下金属矿山采场围岩声发射信号时间序列重构相空间中任意两向量

的距离为

$$d_{ij}=\| X_i - X_j \| \tag{4.2}$$

选择阈值 r，则可得地下金属矿山采场围岩声发射信号时间序列的递归矩阵 R_{ij} 为

$$R_{ij}=\text{Heaviside}(r-d_{ij}) \tag{4.3}$$

当 $R_{ij}=1$ 时，在二维坐标图上的（i，j）位置上描点，这样便可绘出地下金属矿山采场围岩声发射信号时间序列的 $N\times N$ 的图形，称为地下金属矿山采场围岩声发射信号时间序列的递归图。

4.1.2 关键参数的选择

地下金属矿山采场围岩声发射信号时间序列的递归图绘制的关键参数，主要包括阈值 S、嵌入维数 m 和延迟时间 τ。

1. 阈值 S 的确定

阈值 S 大小可按式（4.4）确定为

$$S=a\times \text{std}(x) \tag{4.4}$$

式中：std(x) 为地下金属矿山采场围岩声发射信号时间序列的标准差；a 系数一般可取值 0.15～0.2。

2. 延迟时间 τ 的确定

可采用 k 阶自相关函数法[10,11]，确定地下金属矿山采场围岩声发射信号时间序列的延迟时间 τ。令 $f(\tau)$ 为第 k 阶自相关系数，当 $f(\tau)$ 趋近于 $1-1/\mathrm{e}=0.6321$（其中 $\mathrm{e}=2.718281828$）时所对应的 k 即为地下金属矿山采场围岩声发射信号时间序列所求的最佳延迟时间 τ。第 k 阶自相关函数 $f(\tau)$ 可表示为

$$f(\tau)=\frac{\dfrac{1}{n-k}\sum_{t=1}^{n-k}(x_t-\overline{x})(x_{t+k}-\overline{x})}{\dfrac{1}{n}\sum_{t=1}^{n}(x_t-\overline{x})^2} \tag{4.5}$$

式中：$\overline{x}$ 为 $\{x_t\}$ 的均值。

3. 最佳嵌入维数 m 的选取

若地下金属矿山采场围岩声发射信号时间序列的嵌入维数 m 选取过小，则地下金属矿山采场围岩声发射信号时间序列的吸引子可能折叠，以致在某些地方出现自相交，这样在吸引子相交领域内可能会包含来自地下金属矿山采场围岩声发射信号时间序列吸引子不同部分的点；若 m 选取过大，理论上具有可行性，但是会增大吸引子几何不变量的计算工作量[12]。地下金属矿山采场围岩声发射信号时间序列嵌入维数严格的选择方法如下：

对于地下金属矿山采场围岩声发射信号时间序列 $\{x_1(t), x_2(t), \cdots,$

$x_i(t),\cdots,x_n(t)\}$，当最佳延迟时间 τ 确定后，选择一嵌入维数 m，则地下金属矿山采场围岩声发射信号时间序列相空间重构后的向量 $Y_i(m)$ 为

$$Y_i(m)=(x_i,x_{i+\tau},x_{i+2\tau},\cdots,x_{i+(m-1)\tau}) \tag{4.6}$$

当地下金属矿山采场围岩声发射信号时间序列的嵌入维数为 $m+1$ 时，地下金属矿山采场围岩声发射信号时间序列相空间重构后的向量为

$$Y_i(m+1)=(x_i,x_{i+\tau},x_{i+2\tau},\cdots,x_{i+m\tau}) \tag{4.7}$$

定义：

$$a(i,m)=\frac{\|y_i(m+1)-y_{n(i,m)}(m+1)\|}{\|y_i(m)-y_{n(i,m)}(m+1)\|} \tag{4.8}$$

式中：$a(i,m)$ 为地下金属矿山采场围岩声发射信号时间序列在 $[1,N-m\tau]$ 区间内的正整数。

可定义：

$$D(m)=\frac{1}{N+m\tau}\sum_{i=1}^{N-m\tau}a(i,m) \tag{4.9}$$

$$D_1(m)=\frac{D(m+1)}{D(m)} \tag{4.10}$$

在增大 m 的情况下，若 $D_1(m)$ 不再变化或者变化很小时，此时 $m+1$ 便为地下金属矿山采场围岩声发射信号时间序列最佳嵌入维数。

4.1.3 用于递归图分析的特征量确定

地下金属矿山采场围岩声发射信号时间序列递归的定量分析，主要是在递归图的基础上，分析图形的细节结构，并从中提取递归率、确定性、平均对角线长度和分叉性等特征量[13,14]，从而达到对地下金属矿山采场围岩声发射信号时间序列分析的目的。

1. 递归率

递归平面中递归点占平面总点数的百分比，其表达式为

$$P_{\mathrm{RR}}=\frac{1}{N^2}\sum_{i,j=1}^{N}R_{ij} \tag{4.11}$$

从对不同性质的时间序列分析可以看出，具有周期特性时间序列的递归率最大，其次为具有混沌特性的时间序列，最小为具有随机特性的时间序列。

2. 确定性

构成与主对角线方向平行线段的递归点占总递归数的百分比，其表达式为

$$P_{\mathrm{DET}}=\frac{\sum\limits_{L=L_{\min}}^{N-1}LP(L)}{\sum\limits_{i,j=1}^{N}R_{ij}} \tag{4.12}$$

式中：$P(L)$ 表示长度为 L 的与对角线方向平行的线段所占总线段的比例。

一般地，式（4.12）中 $L_{\min}$ 的取值为 2。

3. 平均对角线长度

平行于主对角线方向线段长度的加权平均值，其表达式为

$$L_0 = \frac{\sum_{L=L_{\min}}^{N-1} LP(L)}{\sum_{L=L_{\min}}^{N-1} P(L)} \tag{4.13}$$

4. 分叉性

分叉线为最大对角线（不包括主对角线）长度 $L_{\max}$ 的倒数，其表达式为

$$DIV = 1/L_{\max} \tag{4.14}$$

4.1.4 递归图特征量与系统混沌特性的关系仿真分析

当系数 $c=3.60\sim4.00$ 时，式（4.15）所示的 Logistic 模型具有混沌特性。

$$x_{n+1} = cx_n(1-x_n) \tag{4.15}$$

最大 Lyapunov 指数 $\lambda_{\max}$ 是混沌特征描述量之一，$\lambda_{\max}$ 越大，则混沌特性越强。图 4.1 为 $\ln\lambda_{\max}$ 随 c 大小变化的分布图。

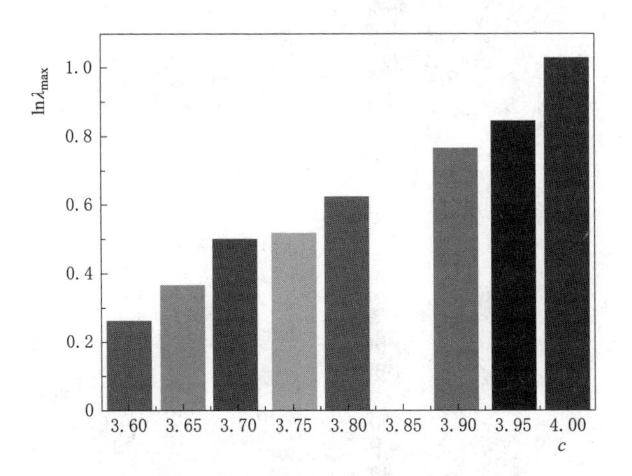

图 4.1 Logistic 模型的最大 Lyapunov 指数分布图

从图 4.1 可以看出，当 $c=4.00$ 时，Logistic 模型的混沌特性最强，当 $c=3.85$ 时，Logistic 模型的混沌特性最弱。图 4.2 分别为 Logistic 模型的递归率 P_{RR}、确定性 P_{DET}、平均对角线长度 L 以及分叉性 DIV 随 c 的变化分布。

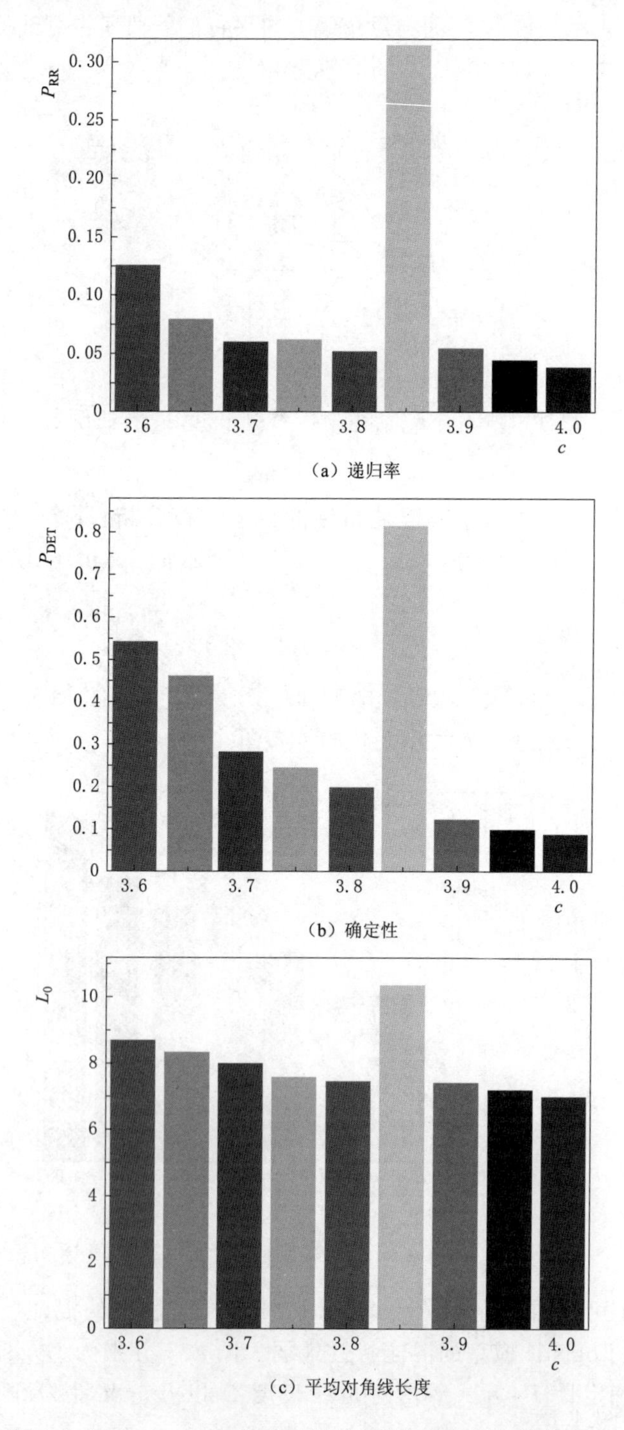

（a）递归率

（b）确定性

（c）平均对角线长度

图 4.2（一）　Logistic 模型时间序列递归图特征参数分布图

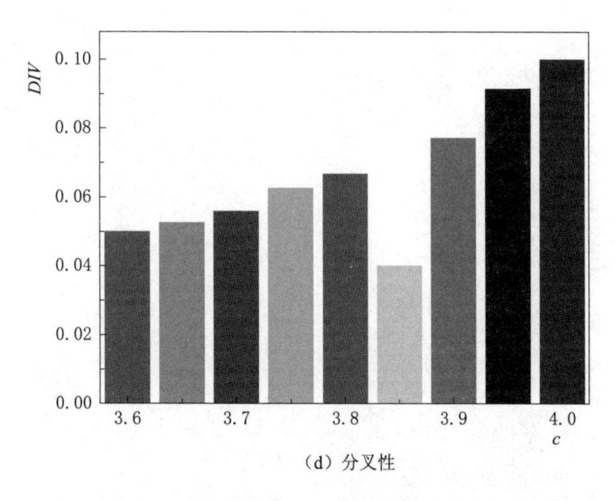

（d）分叉性

图 4.2（二） Logistic 模型时间序列递归图特征参数分布图

图 4.1 和图 4.2 表明，Logistic 模型时间序列递归率 P_{RR}、Logistic 模型时间序列确定性 P_{DET} 和 Logistic 模型时间序列平均对角线长度 L 与 Logistic 模型时间序列最大 Lyapunov 指数 λ_{max} 变化规律相同，而 Logistic 模型时间序列分叉性 DIV 与 Logistic 模型时间序列最大 Lyapunov 指数 λ_{max} 变化规律则相反。

导致图 4.1 和图 4.2 所示现象的合理解释可能包括：

（1）当 Logistic 模型时间序列递归图上（i，j）点出现递归点意味着 Logistic 模型时间序列重构相空间中 X_i、X_j 向量之间距离小于阈值 S，若（$i+1$，$j+1$）仍然出现递归点，则（i，j）与（$i+1$，$j+1$）点出现一条长度为 2 的与主对角线平行的线段，若（$i+2$，$j+2$）出现递归点，则呈现出一条长度为 3 的与主对角线平行的线段；

（2）若（$i+2$，$j+2$）不出现递归点则意味着 X_i、X_j 向量经过 2 步演化后之间距离大于阈值 S，故 Logistic 模型时间序列递归图上与主对角线平行的线段长度 L 与 Logistic 模型时间序列重构相空间中 X_i、X_j 向量的分离速率相关，而最大 Lyapunov 指数 λ_{max} 正是反映的 Logistic 模型时间序列重构相空间中两向量的分离速率。

（3）若最大 Lyapunov 指数 λ_{max} 越大，则 Logistic 模型时间序列重构相空间中向量分离的速率也就越大，出现较长的与对角线平行线段的概率也就越低，所以 Logistic 模型时间序列递归率 P_{RR}、确定性 P_{DET} 和平均对角线长度 L 等递归图特征量与最大 Lyapunov 指数 λ_{max} 大小成反比，而分叉性则与最大 Lyapunov 指数 λ_{max} 成正比。

图 4.3～图 4.6 为阈值系数 $S=0.2$、采样时间序列点数 $n=1000$、系数 $c=4.0$ 以及嵌入维数 $m=1$，2，3，4 时的混沌动力学系统（Logistic 模型）

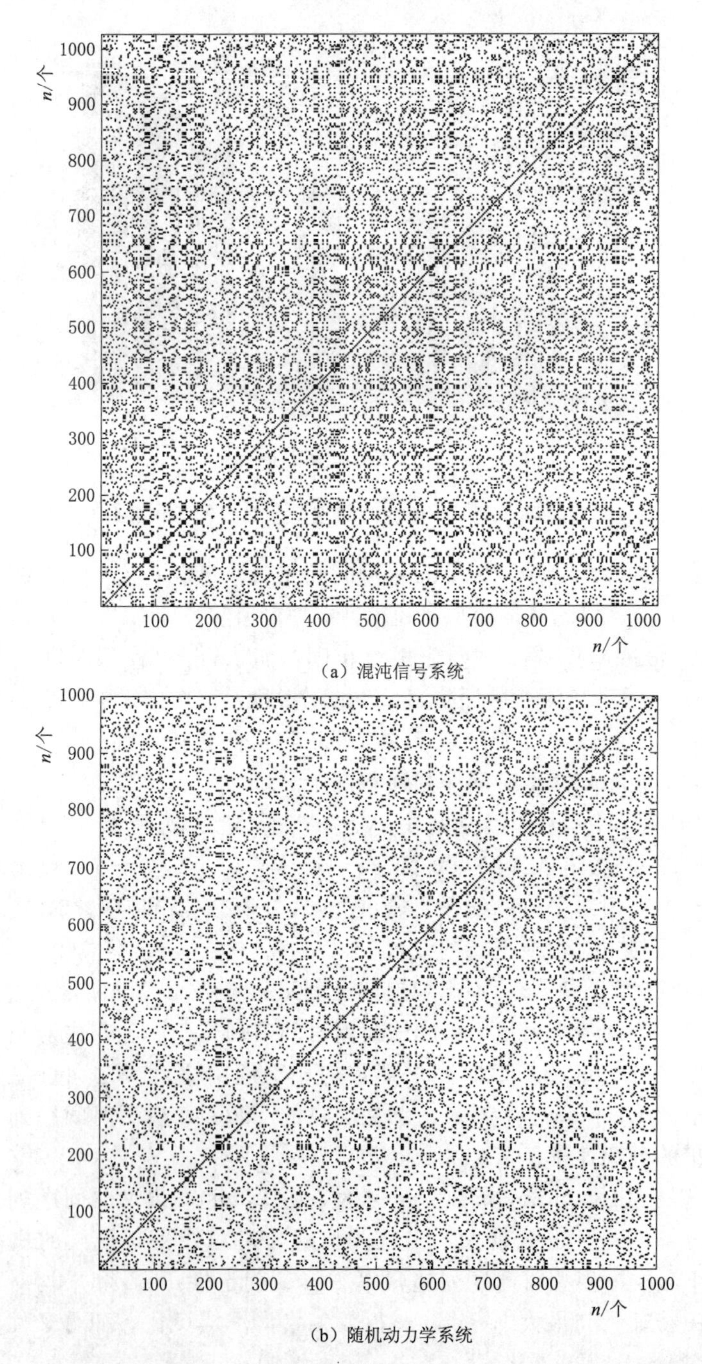

图 4.3（一） $m=1$，$S=0.2$ 时混沌信号系统递归图、随机动力学系统递归图与确定信号递归图比较

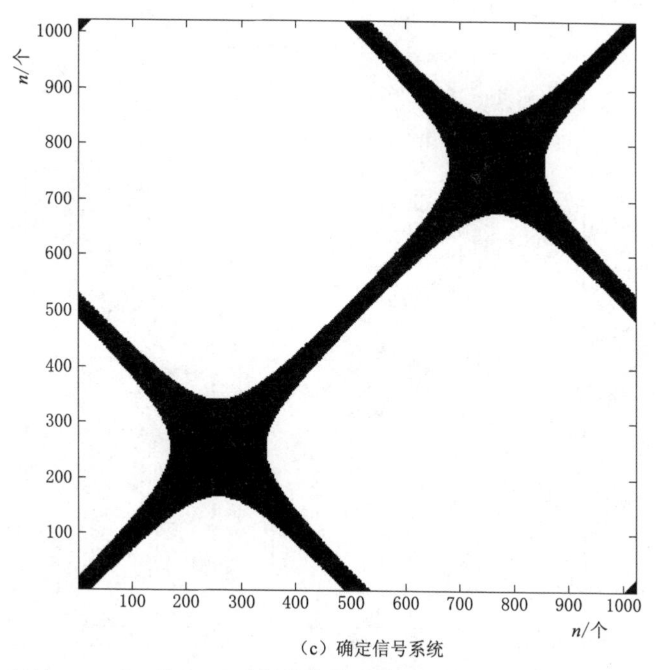

（c）确定信号系统

图 4.3（二） $m=1$，$S=0.2$ 时混沌信号系统递归图、随机动力学系统递归图与确定信号递归图比较

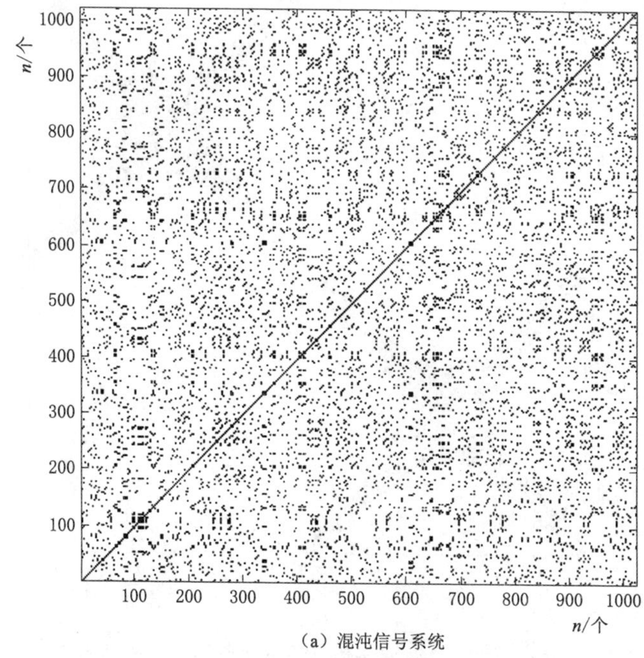

（a）混沌信号系统

图 4.4（一） $m=2$，$S=0.2$ 时混沌信号系统递归图、随机动力学系统递归图与确定信号递归图比较

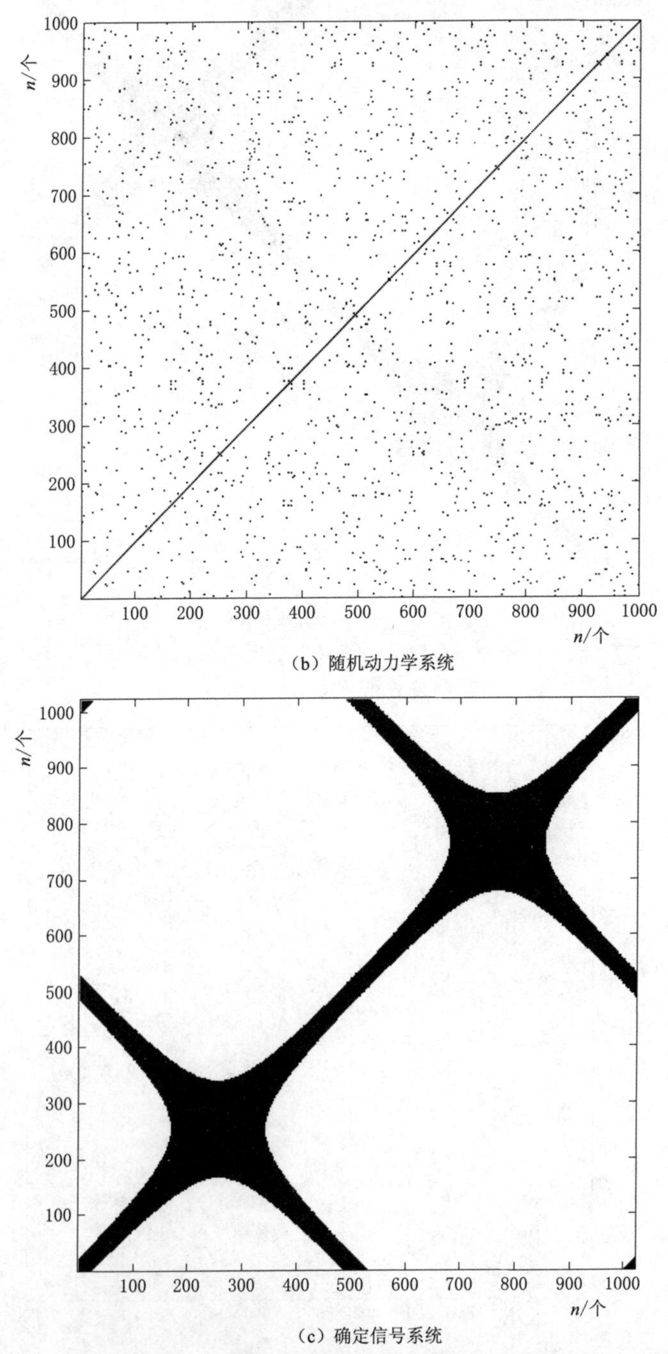

（b）随机动力学系统

（c）确定信号系统

图 4.4（二） $m=2$，$S=0.2$ 时混沌信号系统递归图、随机动力学系统递归图与确定信号递归图比较

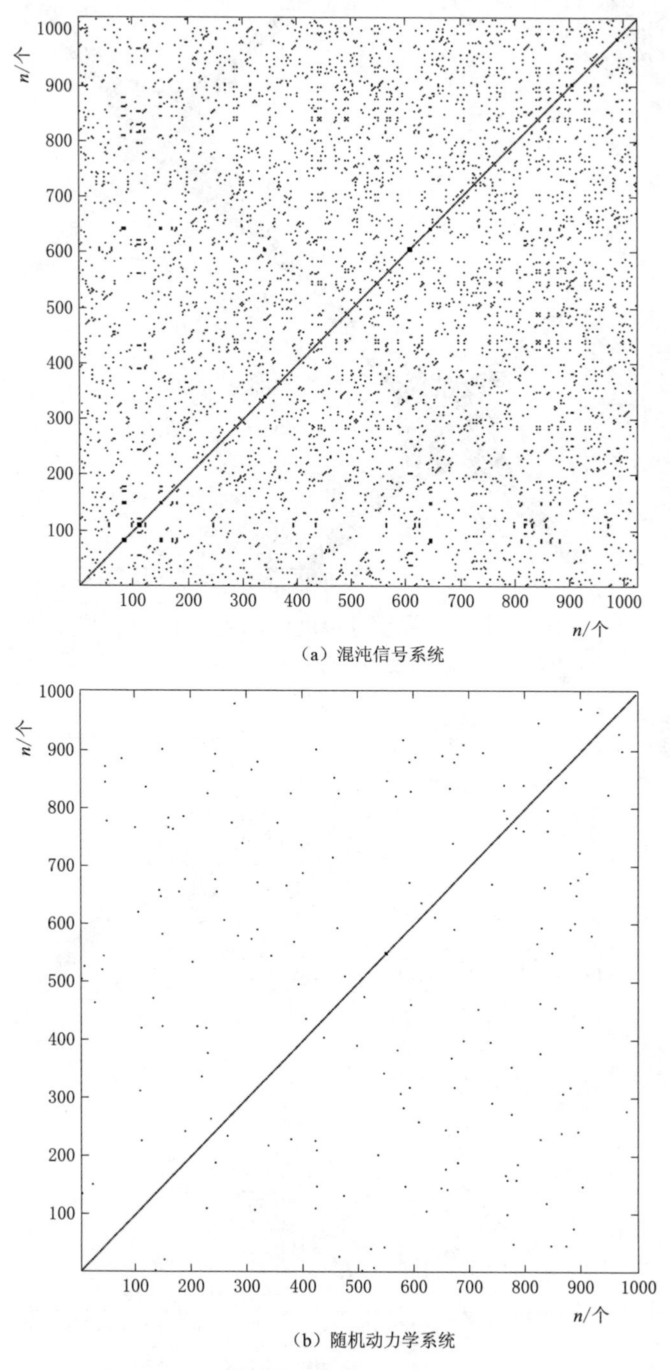

(a) 混沌信号系统

(b) 随机动力学系统

图 4.5（一） $m=3$，$S=0.2$ 时混沌信号系统递归图、随机动力学系统递归图与确定信号递归图比较

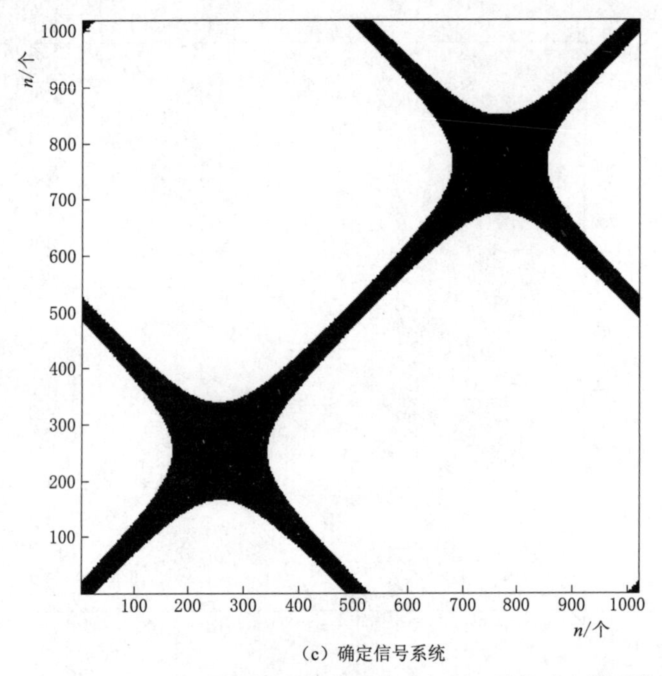

(c) 确定信号系统

图 4.5（二） $m=3$，$S=0.2$ 时混沌信号系统递归图、随机动力学系统递归图与确定信号递归图比较

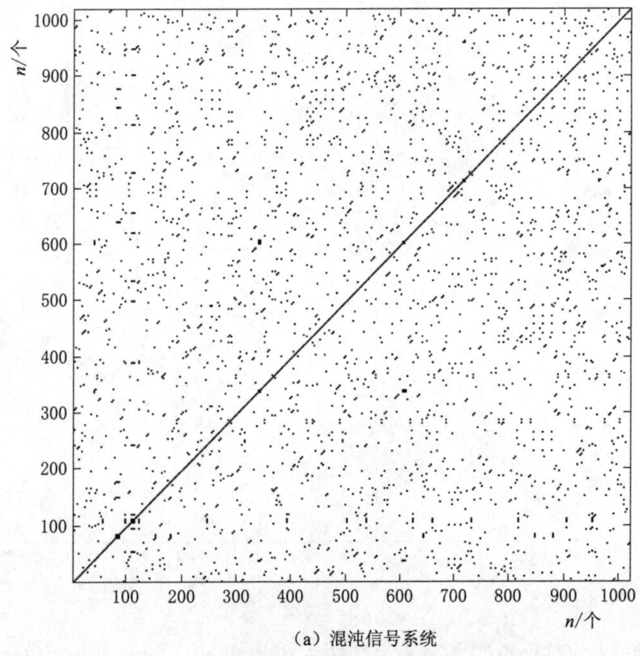

(a) 混沌信号系统

图 4.6（一） $m=4$，$S=0.2$ 时混沌信号系统递归图、随机动力学系统递归图与确定信号递归图比较

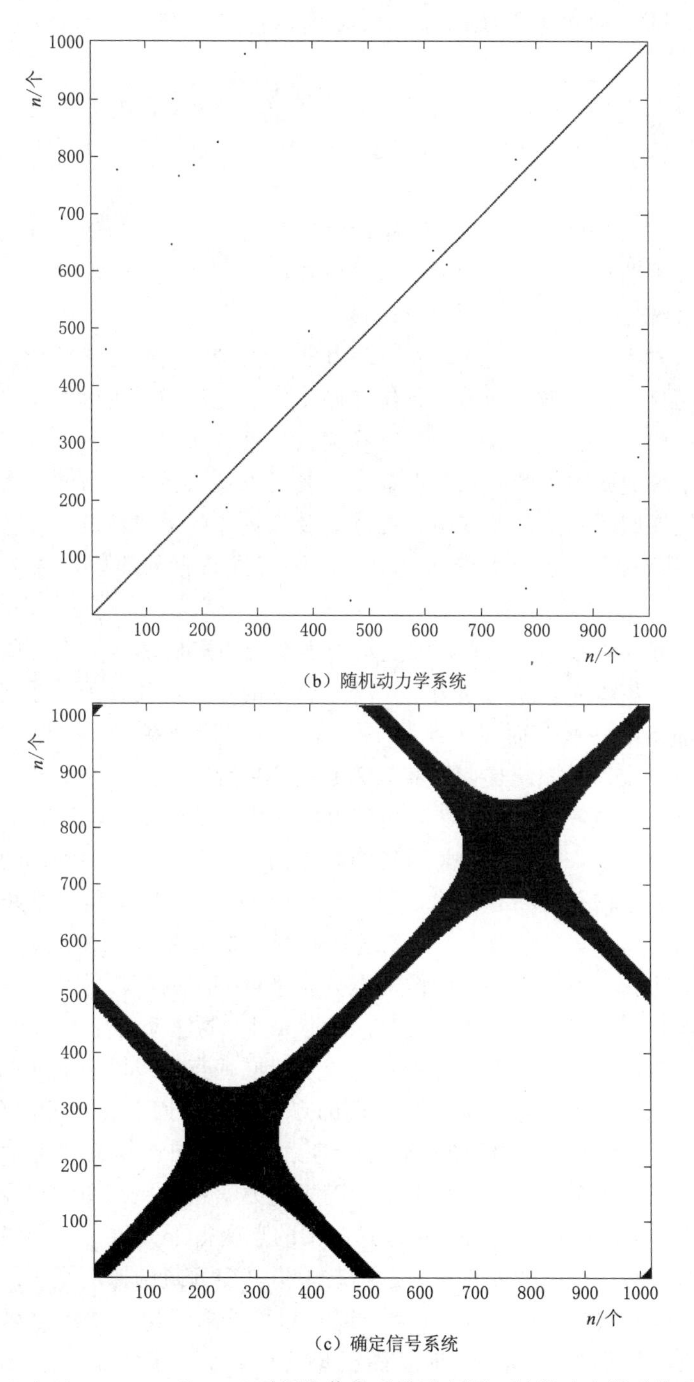

(b) 随机动力学系统

(c) 确定信号系统

图 4.6（二） $m=4$，$S=0.2$ 时混沌信号系统递归图、随机动力学系统递归图与确定信号递归图比较

的递归图、随机动力学系统的递归图和确定信号系统（$y=\sin x$）递归图的比较。

随着嵌入维数的增加，混沌动力学系统（Logistic模型）的递归图、随机动力学系统的递归图和确定信号系统（$y=\sin x$）递归图呈现以下不同的变化规律。

（1）当嵌入维数 $m=1$ 时，混沌动力学系统与随机动力学系统的递归图的直观差别并不明显，而混沌动力学系统的递归图和随机动力学系统的递归图与确定信号系统递归图直观差别十分明显。

（2）当嵌入维数 $m=2$ 时，混沌动力学系统与随机动力学系统的递归图的直观差别明显增大，随机动力学系统递归图的点比混沌动力学系统递归图上的点要稀疏一些，而嵌入维数 $m=2$ 时确定信号系统递归图和嵌入维数 $m=1$ 时确定信号系统递归图直观差别不明显，但其局部放大图（图4.7）表明，随机动力学系统递归图的点呈现稀疏、孤立以及无规律的随机特征，而混沌动力学系统递归图上的点呈现由大量与主对角线平行或垂直的线段组成递归特性的规律。

（3）当嵌入维数 $m=3$ 时，混沌动力学系统与随机动力学系统的递归图的直观差别进一步增大，随机动力学系统递归图的点比混沌动力学系统递归图上的点要更加稀疏一些，而嵌入维数 $m=3$ 时确定信号系统递归图和嵌入维数 $m=1$，2时确定信号系统递归图直观差别仍不明显。

（4）当嵌入维数 $m=4$ 时，混沌动力学系统与随机动力学系统的递归图的直观差别十分明显，随机动力学系统递归图的点十分稀疏，混沌动力学系统递归图上的点仍然较稠密和有规律，而嵌入维数 $m=4$ 时确定信号系统递归图和嵌入维数 $m=1$，2，3时确定信号系统递归图直观差别仍然不明显。

总之，随机动力学系统递归图的点分布呈现一定的随机特征，其上的点呈现稀疏、孤立以及无规律的现象［图4.7（b）］，混沌动力学系统递归图上的点不是孤立的，且呈现由大量与主对角线平行或垂直的线段组成递归特性的规律［图4.7（a）］；确定信号系统递归图的点呈现形状固定和明显的分布规律。此外，随着嵌入维数 m 的增加，混沌信号系统递归图、随机动力学系统递归图与确定信号递归图的变化规律为：①随机动力学系统递归图的点变得越来越稀疏，当 $m=4$ 时，随机动力学系统递归图的点变得十分稀疏；②混沌动力学系统递归图上的点也同样变得越来越稀疏，但其变稀疏的速度小于随机动力学系统递归图变稀疏的速度，$m=4$ 时，混沌动力学系统递归图的点尽管已经变得较为稀疏，但仍然比 $m=4$ 时，随机动力学系统递归图的点要稠密得多；③确定信号系统递归图的点呈现变化不明显的规律。

以上分析表明，递归图分析法可以有效地区分混沌动力学系统、随机动力

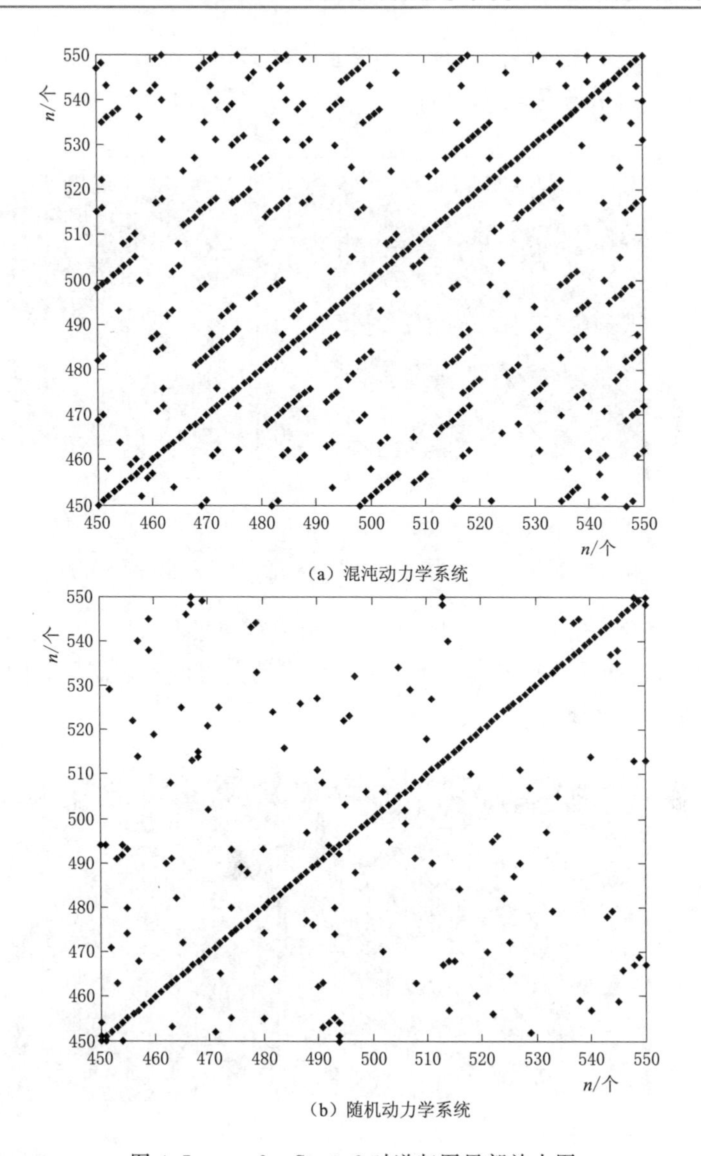

（a）混沌动力学系统

（b）随机动力学系统

图 4.7　$m=2$，$S=0.2$ 时递归图局部放大图

学系统以及确定信号系统。

4.2　地下金属矿山采场围岩声发射信号时间序列混沌辨析应用实例

4.2.1　地下金属矿山采场围岩声发射信号时间序列去噪声处理

以南方某地下金属矿山－160m 中段 20 采场为监测对象，通过某地下金

属矿山采场围岩声发射检测系统声发射系统采集，并得到如图 4.8 所示的含噪声地下金属矿山采场围岩声发射信号时间序列（包括 2000 组数据）。

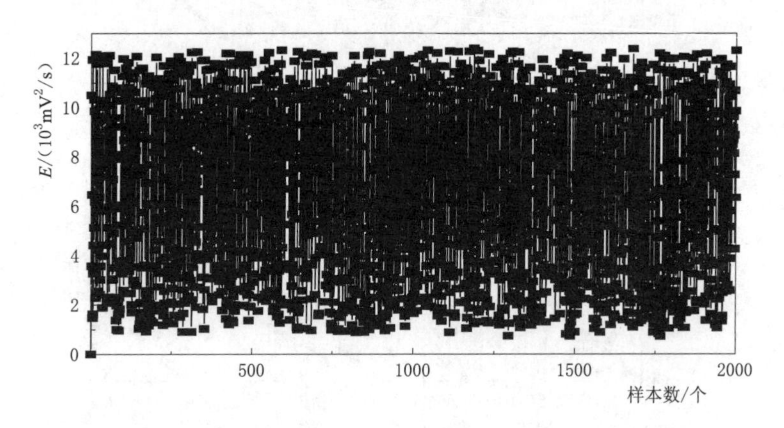

图 4.8 含噪声地下金属矿山采场围岩声发射信号时间序列

考虑到声发射信号采集过程中不可避免地存在噪声污染，因此采用提出的改进 EMD 方法对采集得到的地下金属矿山采场围岩声发射信号时间序列进行去噪声处理，结果如图 4.9 所示。

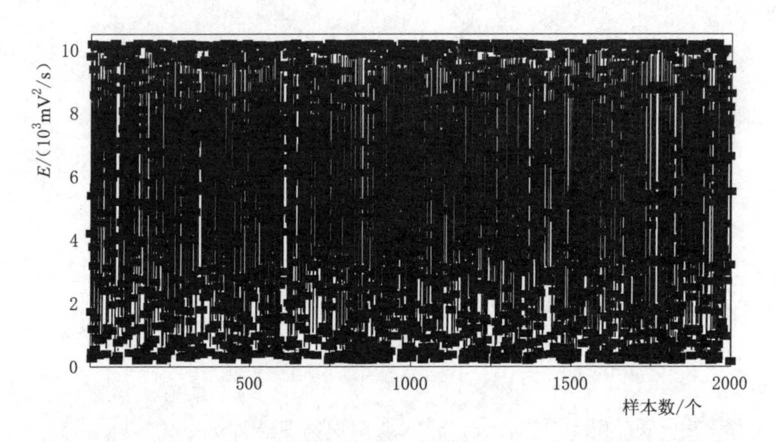

图 4.9 去噪声处理后的地下金属矿山采场围岩声发射信号时间序列

4.2.2 地下金属矿山采场围岩声发射信号时间序列最佳延迟时间和关联维数

如图 4.10 所示，当延迟时间 $\tau=2$ 时，$f(\tau)$ 趋近于 $1-1/e=0.6321$（其中 $e=2.718281828$），此时，地下金属矿山采场围岩声发射信号时间序列基本满足相空间各维相对独立的要求，则对应的延迟时间 $\tau=2$ 为地下金属矿山采场围岩声发射信号时间序列所求的最佳延迟时间 τ。

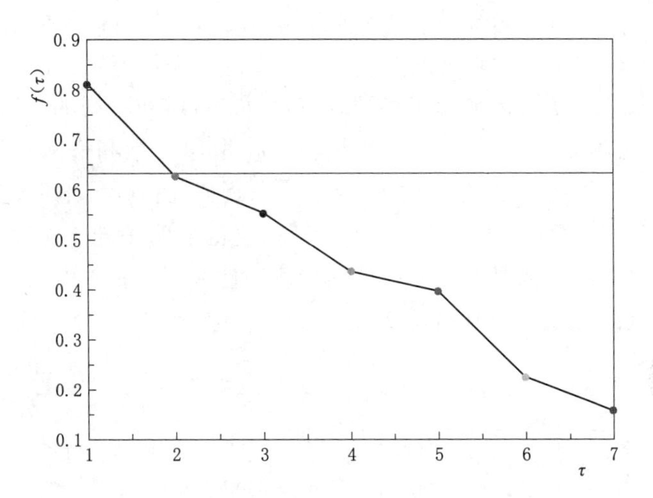

图 4.10　地下金属矿山采场围岩声发射信号时间序列最佳延时时间确定

图 4.11 描述了依此得到的分维数 $D(m)$ 与嵌入相空间 m 之间的变化特征。由图 4.11 可以知道，当地下金属矿山采场围岩声发射信号时间序列嵌入相空间维数 $m \geqslant 6$ 时，关联维数（吸引子维）趋于稳定，即达到饱和关联维 $D_2=3.526$。因此，地下金属矿山采场围岩声发射信号时间序列是非线性混沌动力学系统演化的结果，影响地下金属矿山采场围岩声发射信号的系统内部因素最多可达 6 个，最少不会少于 4 个，即包括围岩温度、围岩声波纵波速度（该参数可反映围岩岩体完整程度和坚硬程度）、围岩变形、锚杆应力、围岩应力和围岩强度应力比（该参数可反映岩石自身的性质）等因素。

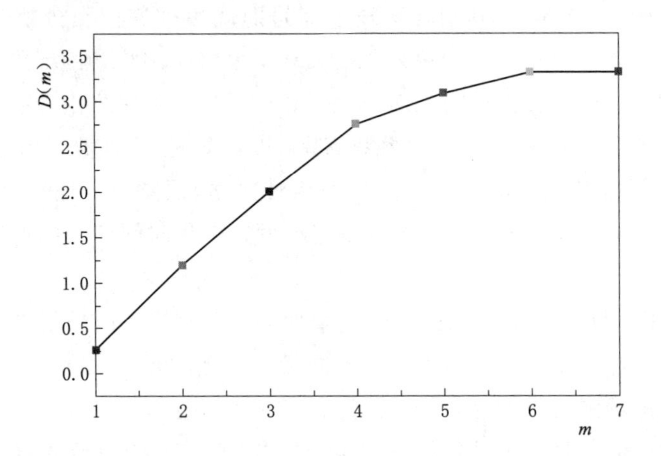

图 4.11　地下金属矿山采场围岩声发射信号时间序列嵌入相空间维（m）与关联维［$D(m)$］关系

取 $m=2$，3，…，m_{∞}，计算地下金属矿山采场围岩声发射信号时间序列的 K_2 熵，其倒数可以大致反映地下金属矿山采场围岩声发射信号时间序列平均可预报时长。地下金属矿山采场围岩声发射信号时间序列的 K_2 及其变化均随 m 的增大迅速增大，且趋于常数，这里 m 取值为饱和嵌入维数。图 4.12 给出了 K_2 随 m 的变化趋势。由图 4.12 可以近似地估计出地下金属矿山采场围岩声发射信号时间序列的 K_2 为 0.4857。这也证明了地下金属矿山采场围岩声发射信号时间序列具有混沌与分形特性，且地下金属矿山采场围岩声发射信号时间序列的有效预测时间长度为 2 个时间序列步长。

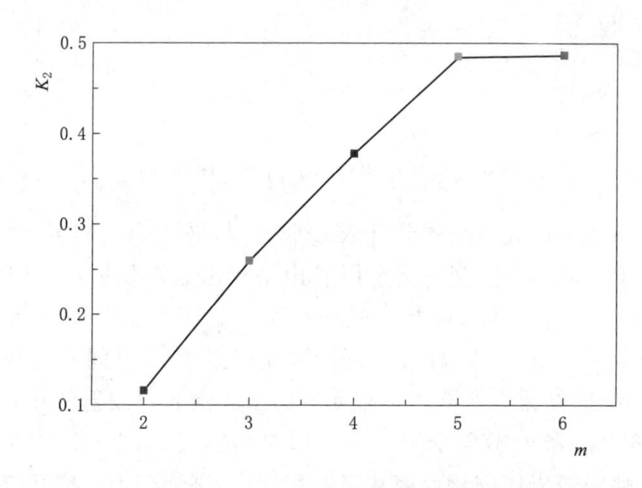

图 4.12　地下金属矿山采场围岩声发射信号时间序列关联维数与 K_2 熵的关系

4.2.3　地下金属矿山采场围岩声发射信号时间序列递归图分析

选取图 4.9 所示的，去噪声处理后的地下金属矿山采场围岩声发射信号时间序列为例，进行递归图分析。对于地下金属矿山采场围岩声发射信号时间序列而言，当延迟时间 $\tau=2$、阈值系数 $S=0.3$ 时，地下金属矿山采场围岩声发射信号时间序列基本满足相空间各维相对独立的要求。当嵌入维数 $m=1$，2，…，6，7 时，地下金属矿山采场围岩声发射信号时间序列的递归图变化趋势如图 4.13 所示。

图 4.13 表明，随着嵌入维数 m 的增加，地下金属矿山采场围岩声发射信号时间序列的递归图上的点由稠密逐渐向稀疏变化，当嵌入维数 $m=6$ 时，地下金属矿山采场围岩声发射信号时间序列的递归图上的点开始变得十分稀疏，意味着关联维数（吸引子维）趋于稳定，这与图 4.11 所表示的嵌入相空间维数 $m\geqslant 6$ 时，地下金属矿山采场围岩声发射信号时间序列关联维数（吸引子维）趋于稳定相一致。

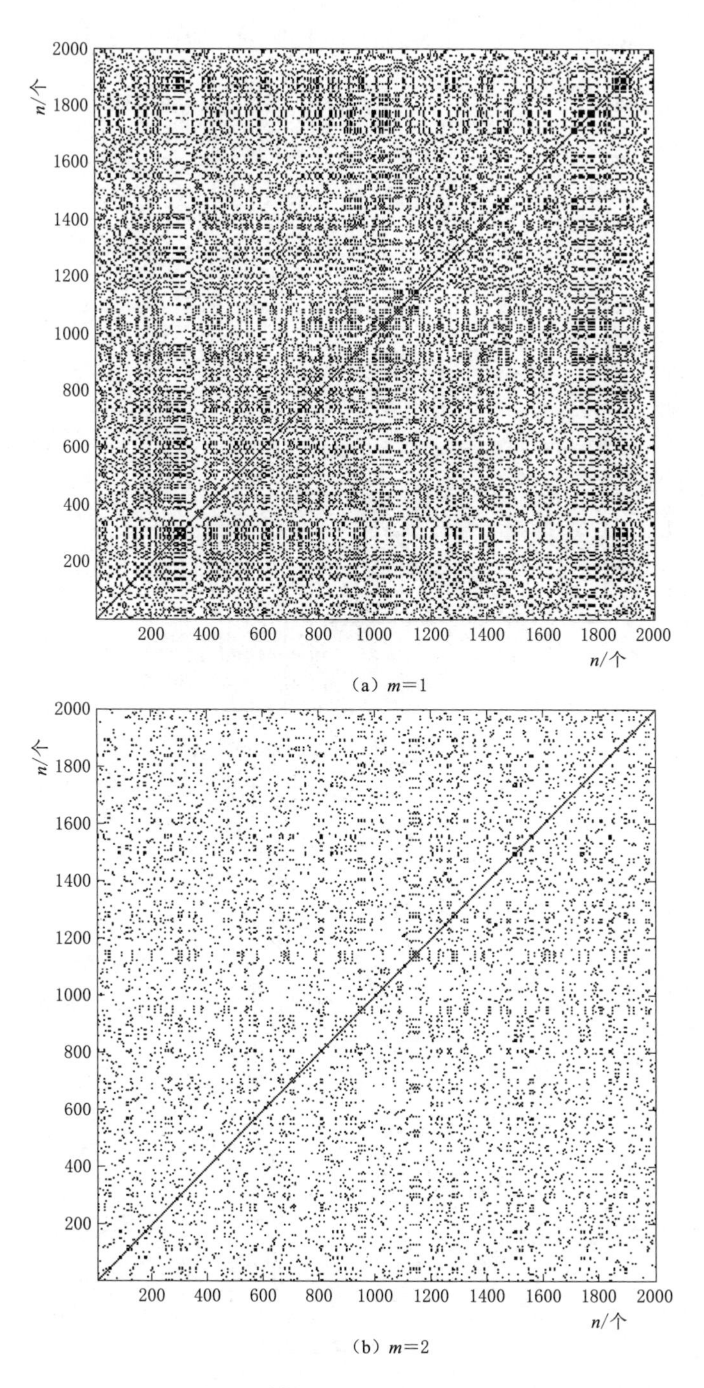

(a) $m=1$

(b) $m=2$

图 4.13（一） 地下金属矿山采场围岩声发射信号时间序列的递归图变化趋势

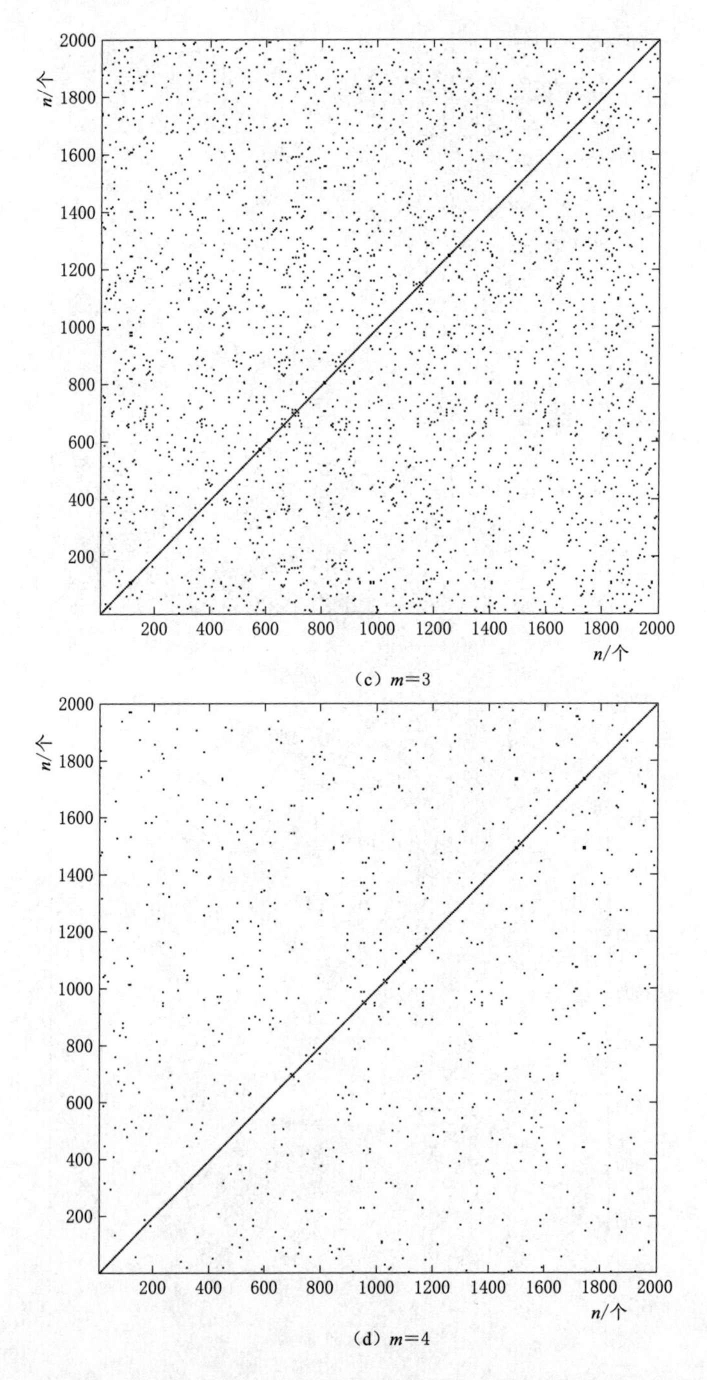

(c) $m=3$

(d) $m=4$

图 4.13（二） 地下金属矿山采场围岩声发射信号时间序列的递归图变化趋势

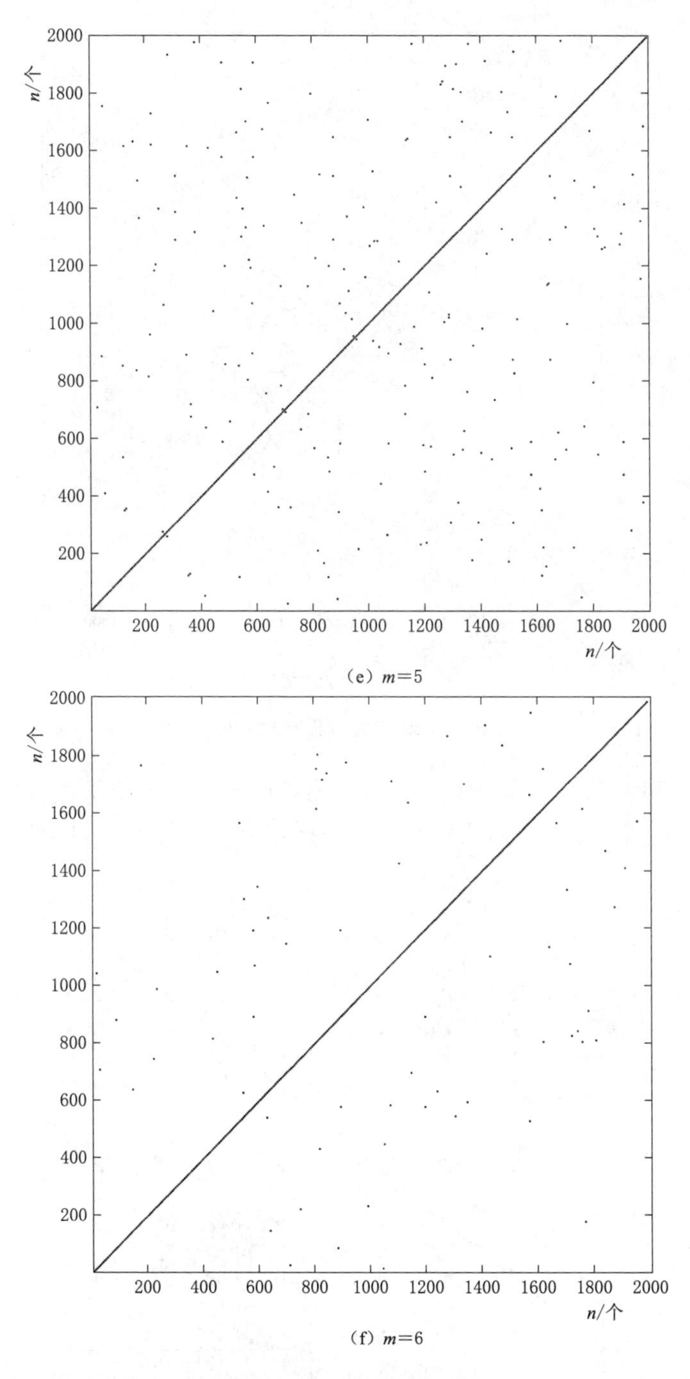

(e) $m=5$

(f) $m=6$

图 4.13（三） 地下金属矿山采场围岩声发射信号时间序列的递归图变化趋势

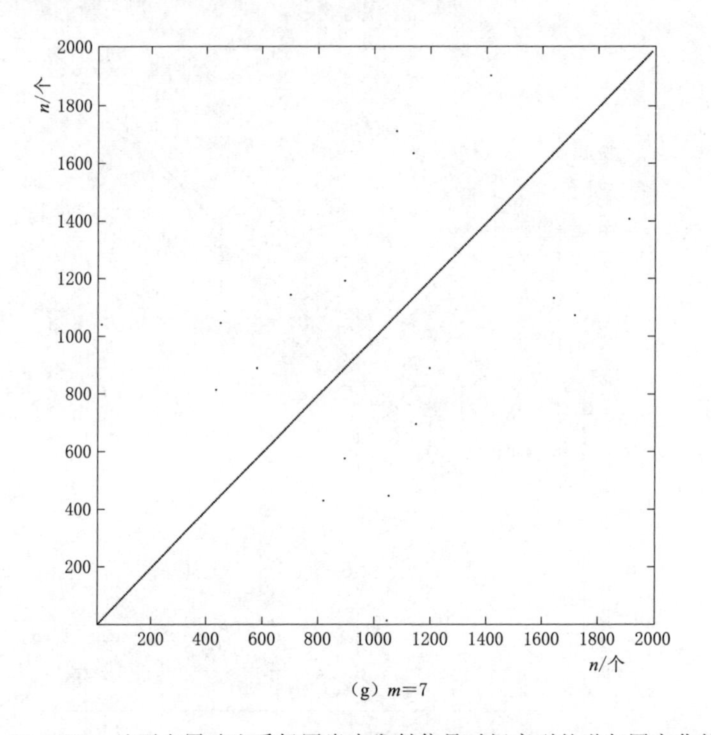

(g) $m=7$

图 4.13（四） 地下金属矿山采场围岩声发射信号时间序列的递归图变化趋势

由图 4.14 可知，局部放大的地下金属矿山采场围岩声发射信号时间序列递归图中出现较多的与主对角线平行的线段，根据系数 $c=4.00$ 时的 Logistic

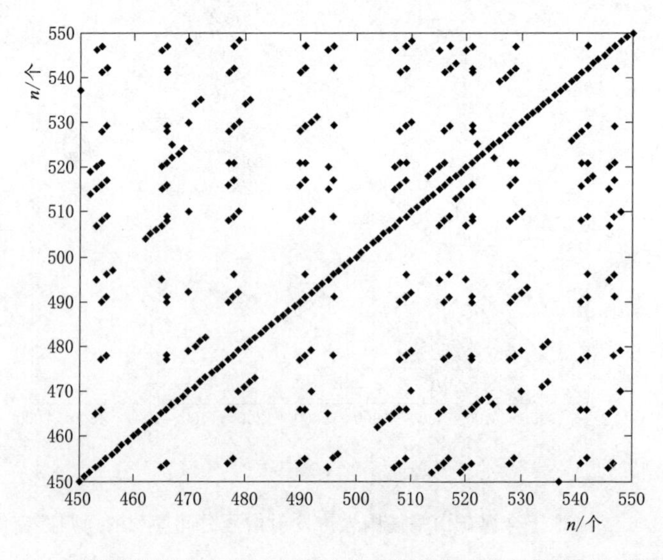

图 4.14 $m=2$ 时局部放大的地下金属矿山采场围岩声发射信号时间序列递归图

模型（混沌动力学系统）的递归图的分析结果可知，地下金属矿山采场围岩声发射信号时间序列具有很明显的混沌特性，可从地下金属矿山采场围岩声发射信号时间序列递归图中求取递归特征量进行定量分析。

考虑到地下金属矿山采场围岩声发射信号时间序列中，递归率 P_{RR}、确定性 P_{DET}和平均对角线长度 L 等特征量的变化规律相同，且与 DIV 分叉性成反比，故只要知道递归率 P_{RR}、确定性 P_{DET}和平均对角线长度 L 中任何一种的变化规律，其余便可分析得出。限于篇幅，只选用递归率进行分析，图 4.15 为地下金属矿山采场围岩声发射信号时间序列 P_{RR}分布图。

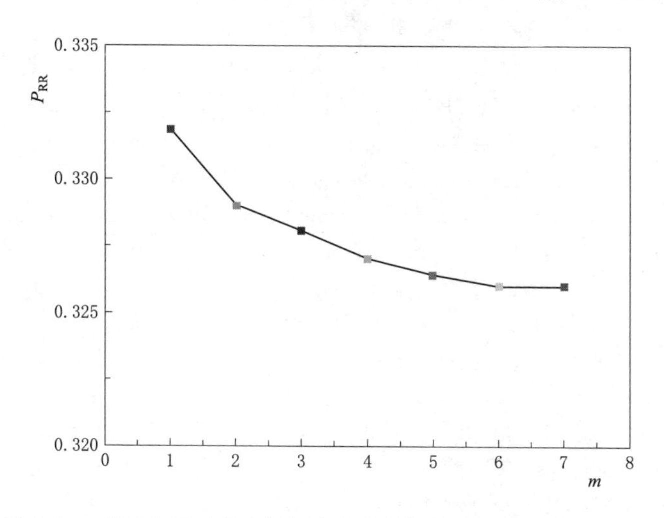

图 4.15　地下金属矿山采场围岩声发射信号时间序列 P_{RR}分布图

从图 4.15 可以看出，地下金属矿山采场围岩声发射信号时间序列的递归率 $P_{RR}\approx 0.326$，处于较稳定状态，但含有较多的周期分量，该周期分量的产生是由于围岩温度、围岩声波纵波速度（该参数可反映围岩完整程度和坚硬程度）、围岩变形、锚杆应力、围岩应力和围岩强度应力比等因素综合作用所致。若将该地下金属矿山采场围岩声发射信号时间序列的递归率 P_{RR}的变化转化为最大 Lyapunov 指数 λ_{max}的变化，则地下金属矿山采场围岩声发射信号时间序列的最大 Lyapunov 指数 λ_{max}维持在较低水平。

地下金属矿山采场围岩声发射信号时间序列递归图分析结果表明，地下金属矿山采场围岩声发射信号时间序列确实具有混沌特性。

4.3　本　章　小　结

（1）当地下金属矿山采场围岩声发射信号时间序列延迟时间均满足 $\tau=2$

时，地下金属矿山采场围岩声发射信号时间序列基本满足相空间各维相对独立的要求。

（2）地下金属矿山采场围岩声发射信号时间序列递归图分析结果表明，地下金属矿山采场围岩声发射信号时间序列确实具有混沌特性；地下金属矿山采场围岩声发射信号时间序列是非线性混沌动力学系统演化的结果，影响地下金属矿山采场围岩声发射信号时间序列的系统内部因素最多可达 6 个，最少不会少于 4 个，且其有效预测时间长度为 2 个时间步长。

本章参考文献

[1] OTTE S，BERG S，LUTHER S，et al. Bifurcations，chaos，and sensitivity to parameter variations in the Sato cardiac cell model [J]. Communications in Nonlinear Science and Numerical Simulation，2016，37：265－281.

[2] FONTES R T，EISENCRAFT M. A digital bandlimited chaos－based communication system [J]. Communications in Nonlinear Science and Numerical Simulation，2016，37：374－385.

[3] YAN J J，CHEN C Y，TSAI J S H. Hybrid chaos control of continuous unified chaotic systems using discrete rippling sliding mode control [J]. Nonlinear Analysis：Hybrid Systems，2016，22：276－283.

[4] TABEJIEU L M A，NBENDJO B R N，DORKA U. Identification of horseshoes chaos in a cable－stayed bridge subjected to randomly moving loads [J]. International Journal of Non－Linear Mechanics，2016，85：62－69.

[5] DUONG P L T，ALI W，KWOK E，et al. Uncertainty quantification and global sensitivity analysis of complex chemical process using a generalized polynomial chaos approach [J]. Computers & Chemical Engineering，2016，90：23－30.

[6] WEI D，RUAN J，ZHU W，et al. Properties of stability，bifurcation，and chaos of the tangential motion disk brake [J]. Journal of Sound and Vibration，2016，375：353－365.

[7] JANKOVIC M，PETROVSKII S，BANERJEE M. Delay driven spatiotemporal chaos in single species population dynamics models [J]. Theoretical Population Biology，2016，110：51－62.

[8] ATANGANA A，KOCA I. Chaos in a simple nonlinear system with Atangana－Baleanu derivatives with fractional order [J]. Chaos，Solitons & Fractals，2016，89：447－454.

[9] LI Z X，PENG Z. A new nonlinear blind source separation method with chaos indicators for decoupling diagnosis of hybrid failures：A marine propulsion gearbox case with a large speed variation [J]. Chaos，Solitons & Fractals，2016，89：27－39.

[10] PACKARD N H. Geometry from a time series [J]. Phys Rev Lett，1980，459：712－716.

[11] ABARBANEL H D I，BROWN R，SIDOROWICH J J，et al. The analysis of observed chaotic data in physical systems [J]. Reviews of Modern Physics，1993，65

(4): 1331-1392.

[12] E J Q, Wang Y N, Mei C, et al. Chaotic behavior of crude copper composition time series in the process of matte converting and its predicable time scale [J]. Nonlinear Analysis: Real World Applications, 2006, 7 (4): 651-661.

[13] PASSARNANTE A, BROMELY D, FARRELL M E. Time series characterization using the repeatability of similar sequences [J]. Physical D, 1996, 96: 100-109.

[14] ECKMANN J P, KAMPHORST S O, RUELLE D. Recurrence plots of dynamical systems [J]. Europhysics Letter, 1987, 4 (9): 973-977.

第 5 章　地下金属矿山采场围岩声发射信号影响特性关联分析

近 20 多年以来，随着我国经济的飞速发展，地下金属矿山开采规模不断扩大及开采深度不断增加[1]，地下金属矿山深部岩体处于高温、高地应力、高孔隙压力的环境，其采场围岩失稳灾变特性越来越受到人们的关注[2,3]。

地下金属矿山采场围岩失稳灾变，对地下金属矿山安全、经济、有效地开采有着重要的影响，有效保证采场不出现失稳灾变对矿山的生产有着重要的经济价值。目前，国内外主要采用仿真分析或实验方法研究地下金属矿山采场围岩的施工工艺和运行状况，取得了较好的研究效果。例如，唐礼忠等[4]采用应力波方法分析了采空区围岩受到侧崩时的动力响应及充填的支护效果，采用有限差分软件 FLAC3D，模拟了安徽省铜陵冬瓜山铜矿典型采场，受到周边开采爆破侧崩时的动力特征及全尾胶充填的支护效果，其研究结果可为避免采场围岩失稳灾变提供很好的理论指导和技术支持。王磊等[5]采用数值模拟方法对谢桥煤矿 12418 工作面地质和开采过程进行了计算和分析，其研究结果较好地揭示沿空留巷采场上覆围岩的力学特征。付玉华等[6]从全新的视角对工程岩体质量分级、巷道围岩爆破损伤控制和岩层移动角的预测，境界顶柱厚度和采场结构参数优化以及复合开采体系的应力场、位移场变化规律等方面开展了深入研究，研究结果可较好地适用于其他露天转地下开采工程，有利于露天转地下开采工艺的推广使用。宋卫东等[7]建立了相似材料模型，借助全站仪、应变计和数码相机等仪器监测了模型围岩的变形、应力以及破坏情况，研究并获得了坚硬围岩垮冒规律、应力变化、变形变化和围岩破坏特征。王东旭等[8]监测了模型围岩的变形、应力以及破坏情况，分析并获得了不同结构参数条件下分段空场嗣后充填采场的围岩变形与应力变化特征，以及发生破坏时的规律与特征。

以上研究结果表明，目前尚未见到采用声发射信号作为媒介对地下金属矿山采场围岩失稳灾变影响因素，以及影响程度方面开展相应的研究的文献报道。考虑到第 4 章的研究结果显示：影响地下金属矿山采场围岩声发射信号时间序列的系统内部因素，包括围岩温度、围岩声波纵波速度、围岩变形、锚杆应力、围岩应力和围岩强度应力比等，考虑围岩温度、围岩声波纵波速度、围岩变形、锚杆应力、围岩应力和围岩强度应力比等影响因素之间的耦合作用机制，存在着较大的不确定性、模糊性与灰色性，因此，如何有效地辨识地下金属矿山采场围岩温度、围岩声波纵波速度、围岩变形、锚杆应力、围岩应力和围岩强度应力比等影响因素，对地下金属矿山采场围岩声发射信号时间序列的影响程度，以及各影响因素之间的相关程度，显得十分重要。

将模糊理论[9,10]和灰色关联分析方法[11-15]相结合，则可客观地对地下金属矿山采场围岩声发射信号时间影响因素进行关联分析，且对地下金属矿山采场围岩声发射信号时间序列影响因素样本容量的要求较少，不要求数据具有典型的分布规律[16-18]。

为此，将模糊理论与灰色系统理论相结合，提出改进的模糊灰色关联分析模型，并将其应用于地下金属矿山采场围岩声发射信号时间序列影响因素的关联分析，可为地下金属矿山采场围岩失稳灾变评价与安全预警分析提供较好的理论方法与参考依据。

5.1 地下金属矿山采场围岩声发射信号影响因素模糊灰色关联分析模型

5.1.1 参考序列确定

参考序列是1个或多个用于可反映地下金属矿山采场围岩失稳灾变声发射信号数据序列，可由不同组表征地下金属矿山采场围岩声发射信号影响因素的测量数据组成的，每组数据的变化规律可反映地下金属矿山采场围岩声发射信号影响因素某一方面的发展趋势或是变化情况，地下金属矿山采场围岩声发射信号影响因素模糊灰色关联分析模型中的参考序列的表现形式为

$$Y_s = [y_s(1) \quad y_s(2) \quad \cdots \quad y_s(k) \quad \cdots \quad y_s(n)] \tag{5.1}$$

式中：Y_s 为地下金属矿山采场围岩声发射信号影响因素模糊灰色关联分析模型中的第 s 个参考序列，$s=1,2,\cdots,S$。

显然，$[y_s(1),y_s(2),\cdots,y_s(n)]$是 Y_s 中的数据，这些数据为地下金属矿山采场围岩声发射信号影响因素模糊灰色关联分析模型中的第 s 个参考序列的具体表现形式，反映着这个参数的变化规律。

5.1.2 比较序列确定

比较序列则是反映地下金属矿山采场围岩声发射信号影响因素的数据序列。假设被研究地下金属矿山采场围岩声发射信号的影响因素有 m 个，而这些因素影响的被研究工况有 n 种，则 n 种工况下地下金属矿山采场围岩声发

射信号影响因素的相应向量矩阵可表示为

$$X_s=\begin{bmatrix}x_{s1}\\x_{s2}\\\vdots\\x_{sm}\end{bmatrix}=\begin{bmatrix}x_{s1}(1) & x_{s1}(2) & \cdots & x_{s1}(n)\\x_{s2}(1) & x_{s2}(2) & \cdots & x_{s2}(n)\\\vdots & \vdots & \vdots & \vdots\\x_{sm}(1) & x_{sm}(2) & \cdots & x_{sm}(n)\end{bmatrix} \tag{5.2}$$

式中：X_s 为地下金属矿山采场围岩声发射信号影响因素模糊灰色关联分析模型中参考序列 Y_s 所对应的比较序列。

若地下金属矿山采场围岩声发射信号影响因素模糊灰色关联分析模型中的比较序列有 m 个影响因素的向量，则其中第 j 个为 $x_{sj}(j=1,2,\cdots,m)$；若在 m 个因素的影响下有 n 种工况，则第 k 种工况记为 $x_{sj}(k)(j=1,2,\cdots,m;k=1,2,\cdots,n)$。

5.1.3 原始数据的无量纲化

地下金属矿山采场围岩声发射信号影响因素模糊灰色关联分析模型中的很多被研究因素，具有不同的物理意义和量纲，为减少因此产生的识别及分析误差，各个具有不同量纲的地下金属矿山采场围岩声发射信号影响因素参数，在计算之前需进行无量纲化。无量纲化方法有很多，采用数据区间化方法对地下金属矿山采场围岩声发射信号影响因素模糊灰色关联分析模型中参考序列和对比序列原始数据进行无量纲化转换。

（1）对于地下金属矿山采场围岩声发射信号影响因素模糊灰色关联分析中的参考序列原始数据而言，无量纲化转换形式可表示为

$$y_t(k)=\frac{y_t(k)-\min\limits_k y_t(k)}{\max\limits_k y_t(k)-\min\limits_k y_t(k)} \tag{5.3}$$

式中：min(·)为取最小值函数；max(·)为取最大值函数。

（2）对于地下金属矿山采场围岩声发射信号影响因素模糊灰色关联分析中的对比序列原始数据，无量纲化转换形式可表示为

$$x_{tj}(k)=\frac{x_{tj}(k)-\min\limits_k x_{tj}(k)}{\max\limits_k x_{tj}(k)-\min\limits_k x_{tj}(k)} \tag{5.4}$$

5.1.4 模糊隶属度余弦值的计算

考虑到模糊隶属度余弦法，不受地下金属矿山采场围岩声发射信号影响因素模糊灰色关联分析模型中，数据的线性比例关系的影响，两因素之间的相似度由两参数的模糊隶属度余弦值判断，故采用模糊隶属度余弦法建立地下金属矿山采场围岩声发射信号影响因素模糊灰色关联分析模型中的模糊相似矩阵，其具体表现形式为

$$r_{sj}=\frac{\sum_{k=1}^{n}y_{sk}x_{jk}}{\sqrt{\sum_{k=1}^{n}y_{sk}^{2}}\sqrt{\sum_{k=1}^{n}x_{jk}^{2}}} \tag{5.5}$$

5.1.5 灰色关联度模型

地下金属矿山采场围岩声发射信号影响因素模糊灰色关联分析模型中所有比较序列需要与参考序列进行作差运算，则灰色关联度模型的计算公式为

$$\xi_{sj}(k)=\frac{\Delta_{\min}+\theta\Delta_{\max}}{\Delta_{sj}(k)+\theta\Delta_{\max}} \tag{5.6}$$

式中：$\xi_{sj}(k)(j=1,2,\cdots,m;\ k=1,2,\cdots,n)$为地下金属矿山采场围岩声发射信号影响因素模糊灰色关联分析模型中，参考序列 Y_s 和比较序列 X_s 中两对应点的关联系数；$\Delta_{\min}$为地下金属矿山采场围岩声发射信号影响因素模糊灰色关联分析模型中 Y_s 或 X_s 中，所有对应元素的最小绝对差；$\Delta_{\max}$为地下金属矿山采场围岩声发射信号影响因素模糊灰色关联分析模型中 Y_s 或 X_s 中，所有对应元素的最大绝对差；$\Delta_{sj}(k)$ 为地下金属矿山采场围岩声发射信号影响因素模糊灰色关联分析模型中，参考序列中第 k 个点与比较序列的第 k 个点的绝对差；θ 为灰色关联度模型的分辨系数。

地下金属矿山采场围岩声发射信号影响因素模糊灰色关联分析模型中 Y_s 与 X_s 中，所有对应元素的最小绝对差 $\Delta_{\min}$具体表现形式为

$$\Delta_{\min}=\min_{1\leqslant j\leqslant m}\min_{1\leqslant k\leqslant n}\left|y_s(k)-x_{sj}(k)\right| \tag{5.7}$$

最大绝对差 $\Delta_{\max}$可体现地下金属矿山采场围岩声发射信号影响因素模糊灰色关联分析模型的整体特性，其具体表现形式为

$$\Delta_{\max}=\max_{1\leqslant j\leqslant m}\max_{1\leqslant k\leqslant n}\left|y_s(k)-x_{sj}(k)\right| \tag{5.8}$$

地下金属矿山采场围岩声发射信号影响因素模糊灰色关联分析模型中参考序列中第 k 个点与比较序列第 k 个点的绝对差 $\Delta_{ij}(k)$ 的具体表现形式为

$$\Delta_{ij}(k)=\left|y_s(k)-x_{rj}(k)\right| \tag{5.9}$$

灰色关联度模型中的分辨系数 θ 的本质为最大绝对差的权重，分辨系数 θ 的取值，需要满足地下金属矿山采场围岩声发射信号影响因素模糊灰色关联分析模型中关联度的整体性和抗干扰性，过大或过小都不能正确反映出研究对象间的关联性。

地下金属矿山采场围岩声发射信号影响因素模糊灰色关联分析中，灰色关联度模型中的分辨系数可采用以下方法确定：

（1）计算所有绝对差的均值 $\overline{\Delta}$ 为

$$\overline{\Delta}=\frac{1}{nm}\sum_{j=1}^{m}\sum_{k=1}^{n}\left|y_s(k)-x_{sj}(k)\right| \tag{5.10}$$

(2) 根据绝对差均值 $\overline{\Delta}$ 与最大绝对差 Δ_{max} 的比值，确定 θ 的取值区间为 $E_{\Delta}=\overline{\Delta}/\Delta_{max}$，则 θ 取值区间为 $E_{\Delta}\leqslant\theta\leqslant 2E_{\Delta}$，且：

当 $\Delta_{max}>3\overline{\Delta}$ 时，有： $E_{\Delta}\leqslant\theta\leqslant 1.5E_{\Delta}$ (5.11)

当 $\Delta_{max}\leqslant 3\overline{\Delta}$ 时，有： $1.5E_{\Delta}\leqslant\theta\leqslant 2E_{\Delta}$ (5.12)

当 $\Delta_{max}>3\overline{\Delta}$ 时，表示地下金属矿山采场围岩声发射信号影响因素模糊灰色关联分析模型中，参考序列或对比序列中的数据出现异常值，当 $\Delta_{max}\leqslant 3\overline{\Delta}$ 时，则说明地下金属矿山采场围岩声发射信号影响因素模糊灰色关联分析模型中参考序列或对比序列中的数据正常。

5.1.6 欧氏灰色关联度确定

为提高地下金属矿山采场围岩声发射信号影响因素模糊灰色关联分析模型评定精度，采用欧氏距离表示地下金属矿山采场围岩声发射信号影响因素模糊灰色关联分析模型中，参考序列和比较序列的差异程度。将熵引入信息论已经成为确定权重系数的一种广泛使用的方法。在信息论中，熵值反应的是信息的无序化程度。其指标值越小，系统无序度越小，信息的效用值将会越大，其值越大，反之同理。因此可依据各个指标的变化情况，以信息熵法计算出评价因素的权重，从而计算灰色关联度。

主要步骤如下：

Step 1：定义不同因子在地下金属矿山采场围岩声发射信号影响因素模糊灰色关联分析模型中，参考序列或对比序列中的权向量为

$$w_{sj}=(w_{1j},w_{2j},\cdots,w_{kj},\cdots,w_{nj})\quad(j=1,2,\cdots,m) \tag{5.13}$$

Step 2：计算第 j 项指标下第 k 个无量纲化后的待评价值 C_{kj} 的比重 f_{kj} 为

$$f_{kj}=\frac{C_{kj}}{\sum\limits_{k=1}^{n}C_{kj}} \tag{5.14}$$

Step 3：计算第 j 项指标的信息熵 e_{kj} 为

$$e_{kj}=-c\sum_{k=1}^{n}f_{kj}\ln f_{kj} \tag{5.15}$$

式中：c 为常数，$c=1/\ln m$ 且 $0\leqslant c\leqslant 1$，$0\leqslant e_{kj}\leqslant 1$。

Step 4：计算第 j 项指标熵权 w_{tj}。令 $1-e_{kj}$ 为差异性系数，则第 j 项指标熵权 w_{sj} 可表示为

$$w_{sj}=\frac{1-e_{kj}}{\sum\limits_{k=1}^{n}1-e_{kj}} \tag{5.16}$$

Step 5：地下金属矿山采场围岩声发射信号影响因素模糊灰色关联分析模

型中，参考序列或对比序列中的欧式灰色关联度 s_{sj} 的计算公式为

$$s_{sj}=\frac{w_{tj}}{n}\sum_{k=1}^{n}\xi_{sj}(k) \tag{5.17}$$

5.1.7 改进模糊灰色关联度确定

由于单个模糊隶属度余弦值或单个欧氏灰色关联度不可避免地存在着某种缺点，如对于欧氏灰色关联度模型而言，当数据离散程度越大，数据灰度越大，计算精度就越差；对于模糊隶属度余弦值而言，当指标集个数比较大时，会出现超模糊现象，导致分辨率很差。

为此，是将模糊隶属度余弦值与欧氏灰色关联度进行加权组合，权系数是以方差最小作为优化标准而求得。对于地下金属矿山采场围岩声发射信号影响因素模糊灰色关联分析问题，通过模糊隶属度余弦值和欧氏灰色关联度线性组合，使得地下金属矿山采场围岩声发射信号影响因素模糊灰色关联分析信息更加全面，结果更加可靠。

设 R_{sj} 为地下金属矿山采场围岩声发射信号影响因素模糊灰色关联度值，u_{sj} 为模糊隶属度余弦值和欧氏灰色关联度的算术平均值，$u_{sj}=(r_{sj}+s_{sj})/2$，则 r_{sj} 和 s_{sj} 与 u_{sj} 的偏差分别为 e_{1j} 和 e_{2j}，则地下金属矿山采场围岩声发射信号影响因素模糊灰色关联度值 R_{sj} 以及组合偏差 $e_j(j=1,2,\cdots,n)$ 分别为

$$R_{sj}=W_1 r_{sj}+W_2 s_{sj} \tag{5.18}$$

$$e_j=W_1 e_{1j}+W_2 e_{2j} \tag{5.19}$$

式中：W_1、W_2 分别为模糊隶属度余弦值和欧氏灰色关联度的权重系数，且 $W_1+W_2=1$，$e_{1j}=r_{sj}-u_{sj}$，$e_{2j}=s_{sj}-u_{sj}$。

则地下金属矿山采场围岩声发射信号影响因素模糊灰色关联度组合偏差 e_j 平方和的最小值为

$$\min(\sum e_j^2)=\min[W_1^2\sum e_{1j}^2+2W_1W_2\sum(e_{1j}e_{2j})+W_2^2\sum e_{2j}^2] \tag{5.20}$$

其中：

$$W_1=\frac{\sum e_{2j}^2-\sum(e_{1j}e_{2j})}{\sum e_{1j}^2+\sum e_{2j}^2-2\sum(e_{1j}e_{2j})}$$

$$W_2=\frac{\sum e_{1j}^2-\sum(e_{1j}e_{2j})}{\sum e_{1j}^2+\sum e_{2j}^2-2\sum(e_{1j}e_{2j})}$$

可以证明，$\min(\sum e_j^2)\leqslant\min(\sum e_{1j}^2)$，$\min(\sum e_j^2)\leqslant\min(\sum e_{2j}^2)$。这表明地下金属矿山采场围岩声发射信号影响因素模糊灰色关联度值，优于单个模糊隶属度余弦值或单个欧氏灰色关联度。

5.2 地下金属矿山采场围岩声发射信号影响因素模糊灰色关联分析实例

选取表5.1中的围岩温度 t、围岩声波纵波速度 u、围岩变形 s_0、锚杆应力 σ、围岩应力 p 和围岩强度应力比 π（围岩强度应力比 $\pi=R_bK_v/\sigma_m$，R_b 为岩石饱和单轴抗压强度，MPa；K_v 为岩体完整性系数；σ_m 为围岩最大主应力，MPa）等因素作为地下金属矿山采场围岩声发射信号能率 E 的影响因素，以处于采矿作业过程的，可揭示某地下金属矿山采场围岩失稳的特性参数和围岩声发射信号的实测数据为例，将所建立的地下金属矿山采场围岩声发射信号影响因素模糊灰色关联分析模型解决具体的工程实际问题。

表5.1 地下金属矿山采场围岩监测数据

数据编号	$E/(10^3 mV^3/s)$	t/℃	u/(km/s)	s_0/mm	σ/kN	p/MPa	π
1	3.156	45.2	3.1252	0.0443	0.586	29.45	5
2	1.213	62.4	4.0153	0.0565	0.684	30.53	5
3	4.224	85.4	3.4607	0.0489	0.793	31.45	5
4	2.337	84.3	2.8700	0.0408	0.824	28.39	5
5	3.646	81.4	3.7598	0.0530	0.957	29.56	4
6	4.723	75.9	3.2127	0.0455	1.125	30.57	4
7	2.478	73.9	4.1393	0.0582	1.379	31.89	4
8	2.632	70.2	3.8913	0.0548	1.699	32.45	4
9	3.364	65.7	3.7745	0.0532	1.788	31.13	5
10	2.388	54.8	4.0078	0.0564	1.853	32.45	5
11	3.269	45.8	4.2633	0.0599	1.923	33.67	5
12	3.273	42.8	4.4748	0.0628	1.866	32.76	5
13	2.584	41.9	3.9932	0.0562	1.857	34.56	6
14	3.358	41.2	3.5336	0.0499	1.838	31.28	6
15	4.132	39.6	3.7452	0.0528	1.968	32.12	6
16	2.823	38.9	3.2638	0.0462	1.966	33.86	6
17	2.725	38.5	4.2194	0.0593	1.963	30.27	5
18	3.142	38.2	3.0086	0.0427	2.023	29.48	6
19	2.453	37.8	3.1545	0.0447	2.176	30.35	6
20	3.478	39.4	3.9932	0.0562	2.345	32.67	6

续表

数据编号	$E/(10^3 mV^3/s)$	t/℃	u/(km/s)	s_0/mm	σ/kN	p/MPa	π
21	3.437	40.1	4.3798	0.0615	2.487	33.87	5
22	3.896	36.8	4.8468	0.0679	2.655	34.52	6
23	3.953	37.9	5.3135	0.0743	2.776	33.45	5
24	4.132	36.5	4.4527	0.0625	2.898	33.58	5
25	4.258	34.9	5.3500	0.0748	3.123	31.78	5
26	4.656	44.3	5.2989	0.0741	3.314	32.56	6

5.2.1 地下金属矿山采场围岩稳定性影响因素关联分析

影响地下金属矿山采场围岩稳定性的主要因素包括围岩温度 t、围岩声波纵波速度 u、围岩变形 s_0、锚杆应力 σ、围岩应力 p 和围岩强度应力比 π，为辨析地下金属矿山采场围岩稳定性机理，可以分别以围岩温度 t、围岩声波纵波速度 u、围岩变形 s_0、锚杆应力 σ、围岩应力 p 和围岩强度应力比 π 作为参考序列，其他因素作为比较序列进行相关的影响因素关联分析。

1. 参考序列为围岩温度时

此时围岩声波纵波速度 u、围岩变形 s_0、锚杆应力 σ、围岩应力 p 和围岩强度应力比 π 所组成的矩阵为比较序列 X，则有

$$Y=[45.2 \quad 62.4 \quad \cdots \quad 44.3]$$

$$X=\begin{bmatrix} x_1 \\ x_2 \\ x_3 \\ x_4 \\ x_5 \end{bmatrix}=\begin{bmatrix} 3.1252 & 4.0153 & \cdots & 5.2989 \\ 0.0443 & 0.0565 & \cdots & 0.0741 \\ 0.586 & 0.684 & \cdots & 3.314 \\ 29.45 & 30.53 & \cdots & 32.56 \\ 5 & 5 & \cdots & 6 \end{bmatrix}$$

通过式（5.4）无量纲化后得到以下系数矩阵：

$$\begin{bmatrix} Y_{1w} \\ x_{1w} \\ x_{2w} \\ x_{3w} \\ x_{4w} \\ x_{5w} \end{bmatrix}=\begin{bmatrix} 0.2040 & 0.5446 & \cdots & 0.1861 \\ 0 & 0.3299 & \cdots & 0.6043 \\ 0.1029 & 0.4618 & \cdots & 0.9794 \\ 0 & 0.0359 & \cdots & 1.0000 \\ 0.1718 & 0.3468 & \cdots & 0.6759 \\ 0.5000 & 0.5000 & \cdots & 1.0000 \end{bmatrix}$$

将该系数矩阵代入式（5.7）、式（5.8）得 $\Delta_{\min}=0$，$\Delta_{\max}=1$，则由式（5.9）得到参考序列与比较序列的绝对差矩阵为

$$\begin{bmatrix}\Delta_1\\ \Delta_2\\ \Delta_3\\ \Delta_4\\ \Delta_5\end{bmatrix}=\begin{bmatrix}0.2040 & 0.2146 & \cdots & 0.4182\\ 0.1010 & 0.0828 & \cdots & 0.7933\\ 0.2040 & 0.5086 & \cdots & 0.8139\\ 0.0322 & 0.1977 & \cdots & 0.4897\\ 0.2960 & 0.0446 & \cdots & 0.8139\end{bmatrix}$$

将以上绝对差矩阵代入式（5.10）可得所有绝对差的均值 $\overline{\Delta}$，可得

$$\overline{\Delta}=\frac{1}{26\times 5}\sum_{j=1}^{5}\sum_{k=1}^{26}\left|y_1(k)-x_j(k)\right|=0.5209$$

$$E_\Delta=\frac{\overline{\Delta}}{\Delta_{\max}}=\frac{0.5209}{1}=0.5209$$

则分辨系数 θ 的取值区间为 $0.5209\leqslant\theta\leqslant 1.000$，可以看出 $\Delta_{\max}<3\overline{\Delta}$，故对分辨系数 θ 的取值区间进行修正，$0.7813\leqslant\rho\leqslant 1.000$，取 $\rho=1.75E_\Delta=0.9116$。

将以上所得结果代入式（5.6）可得各影响因素的灰色关联系数矩阵为

$$\begin{bmatrix}\xi_1\\ \xi_2\\ \xi_3\\ \xi_4\\ \xi_5\end{bmatrix}=\begin{bmatrix}0.8257 & 0.8178 & \cdots & 0.6927\\ 0.9096 & 0.9263 & \cdots & 0.5403\\ 0.8257 & 0.6485 & \cdots & 0.5338\\ 0.9760 & 0.8303 & \cdots & 0.6573\\ 0.7627 & 0.9633 & \cdots & 0.5338\end{bmatrix}$$

将所得的灰色关联系数矩阵代入式（5.17）可得围岩声波纵波速度 u、围岩变形 s_0、锚杆应力 σ、围岩应力 p 和围岩强度应力比 π 对围岩温度 t 的加权灰色关联度 s_{tj}，其计算结果见表 5.2。根据式（5.5）和式（5.18）可得围岩声波纵波速度 u、围岩变形 s_0、锚杆应力 σ、围岩应力 p 和围岩强度应力比 π 对围岩温度 t 的模糊隶属度夹角余弦值 r_{sj} 以及模糊灰色关联度 R_{sj} 见表 5.2。

表 5.2 影响因素对围岩温度的模糊灰色关联分析结果

关联度值	x_1	x_2	x_3	x_4	x_5
r_{sj}	0.5673	0.4473	0.3557	0.4863	0.3687
s_{sj}	0.8539	0.8746	0.8595	0.8636	0.8464
R_{sj}	0.4844	0.3912	0.3057	0.4200	0.3120

表 5.2 表明，围岩声波纵波速度 u、围岩变形 s_0、锚杆应力 σ、围岩应力 p 和围岩强度应力比 π 对围岩温度 t 的模糊灰色关联度 $R_{tj}=[R_{j1},R_{j2},R_{j3},R_{j4},R_{j5}]=[0.4844,0.3912,0.3057,0.4200,0.3120]$，显然有 $R_{j1}>R_{j4}>R_{j2}>R_{j5}>R_{j3}$。因此，围岩声波纵波速度 u 和围岩温度 t 之间的模糊灰色关联度值较大，说明围岩温度 t 受围岩声波纵波速度 u 的影响较大。

2. 参考序列为围岩声波纵波速度时

此时围岩温度 t、围岩变形 s_0、锚杆应力 σ、围岩应力 p 和围岩强度应力比 π 所组成的矩阵为比较序列 X，则有

$$Y=[3.1252 \quad 4.0153 \quad \cdots \quad 5.2989]$$

$$X=\begin{bmatrix} x_1 \\ x_2 \\ x_3 \\ x_4 \\ x_5 \end{bmatrix}=\begin{bmatrix} 45.2 & 62.4 & \cdots & 34.3 \\ 0.0443 & 0.0565 & \cdots & 0.0741 \\ 0.586 & 0.684 & \cdots & 3.314 \\ 29.45 & 30.53 & \cdots & 32.56 \\ 5 & 5 & \cdots & 6 \end{bmatrix}$$

通过式（5.4）无量纲化后得到以下系数矩阵：

$$\begin{bmatrix} Y_{1w} \\ x_{1w} \\ x_{2w} \\ x_{3w} \\ x_{4w} \\ x_{5w} \end{bmatrix}=\begin{bmatrix} 0 & 0.3299 & \cdots & 0.6043 \\ 0.2040 & 0.5446 & \cdots & 0.1861 \\ 0.1029 & 0.4618 & \cdots & 0.9794 \\ 0 & 0.0359 & \cdots & 1.0000 \\ 0.1718 & 0.3468 & \cdots & 0.6759 \\ 0.5000 & 0.5000 & \cdots & 1.0000 \end{bmatrix}$$

将该系数矩阵代入式（5.7）、式（5.8）得 $\Delta_{\min}=0$，$\Delta_{\max}=1$，则由式（5.9)得到参考序列与比较序列的绝对差矩阵为

$$\begin{bmatrix} \Delta_1 \\ \Delta_2 \\ \Delta_3 \\ \Delta_4 \\ \Delta_5 \end{bmatrix}=\begin{bmatrix} 0.2040 & 0.2146 & \cdots & 0.4182 \\ 0.1029 & 0.1318 & \cdots & 0.3751 \\ 0 & 0.2940 & \cdots & 0.3957 \\ 0.1718 & 0.0169 & \cdots & 0.0715 \\ 0.5000 & 0.1701 & \cdots & 0.3957 \end{bmatrix}$$

将以上绝对差矩阵代入式（5.10）可得所有绝对差的均值 $\overline{\Delta}$，可得

$$\overline{\Delta}=\frac{1}{26\times 5}\sum_{j=1}^{5}\sum_{k=1}^{26}\left|y_1(k)-x_j(k)\right|=0.3341$$

$$E_{\Delta}=\frac{\overline{\Delta}}{\Delta_{\max}}=\frac{0.3341}{1}=0.3341$$

则分辨系数 θ 的取值区间为 $0.3341\leqslant\theta\leqslant 0.6682$，可以看出 $\Delta_{\max}<3\overline{\Delta}$，故对分辨系数 θ 的取值区间进行修正，$0.5011\leqslant\rho\leqslant 0.6682$，取 $\rho=1.75E_{\Delta}=0.5847$。

将以上所得结果代入式（5.6）可得各影响因素的灰色关联系数矩阵为

$$\begin{bmatrix}\xi_1\\ \xi_2\\ \xi_3\\ \xi_4\\ \xi_5\end{bmatrix}=\begin{bmatrix}0.7414 & 0.7315 & \cdots & 0.5830\\ 0.8503 & 0.8160 & \cdots & 0.6092\\ 1.0000 & 0.6654 & \cdots & 0.5964\\ 0.7729 & 0.9719 & \cdots & 0.8910\\ 0.5390 & 0.7747 & \cdots & 0.5964\end{bmatrix}$$

将所得的灰色关联系数矩阵代入式（5.17）可得围岩温度 t、围岩变形 s_0、锚杆应力 σ、围岩应力 p 和围岩强度应力比 π 对围岩声波纵波速度 u 的加权灰色关联度 s_{sj}，其计算结果见表 5.3；根据式（5.5）和式（5.18）可得围岩温度 t、围岩变形 s_0、锚杆应力 σ、围岩应力 p 和围岩强度应力比 π 对围岩声波纵波速度 u 的模糊隶属度夹角余弦值 r_{sj} 以及模糊灰色关联度 R_{sj} 见表 5.3。

表 5.3　影响因素对围岩声波纵波速度的模糊灰色关联分析结果

关联度值	x_1	x_2	x_3	x_4	x_5
r_{sj}	0.5673	0.8505	0.9219	0.9266	0.8946
s_{sj}	0.8128	0.8573	0.8684	0.8937	0.8714
R_{sj}	0.4611	0.7292	0.8005	0.8281	0.7795

表 5.3 表明，围岩温度 t、围岩变形 s_0、锚杆应力 σ、围岩应力 p 和围岩强度应力比 π 对围岩声波纵波速度 u 的模糊灰色关联度 $R_{sj}=[R_{j1},R_{j2},R_{j3},R_{j4},R_{j5}]=[0.4611,0.7292,0.8005,0.8281,0.7795]$，显然有 $R_{j4}>R_{j3}>R_{j5}>R_{j2}>R_{j1}$。因此，围岩应力 p、锚杆应力 σ、围岩强度应力比 π 和围岩声波纵波速度 u 之间的模糊灰色关联度值较大，说明围岩声波纵波速度 u 受围岩应力 p、锚杆应力 σ、围岩强度应力比 π 的影响较大，应采取相应的应对措施尽量减小围岩应力 p、锚杆应力 σ、围岩强度应力比 π 对其影响。

3. 参考序列为围岩变形时

此时围岩温度 t、围岩声波纵波速度 u、锚杆应力 σ、围岩应力 p 和围岩强度应力比 π 所组成的矩阵为比较序列 X，则有

$$Y=[0.0443\quad 0.0565\quad \cdots\quad 0.0741]$$

$$X=\begin{bmatrix}x_1\\ x_2\\ x_3\\ x_4\\ x_5\end{bmatrix}=\begin{bmatrix}45.2 & 62.4 & \cdots & 34.3\\ 3.1252 & 4.0153 & \cdots & 5.2989\\ 0.586 & 0.684 & \cdots & 3.314\\ 29.45 & 30.53 & \cdots & 32.56\\ 5 & 5 & \cdots & 6\end{bmatrix}$$

通过式（5.4）无量纲化后得到以下系数矩阵：

$$\begin{bmatrix} Y_{1w} \\ x_{1w} \\ x_{2w} \\ x_{3w} \\ x_{4w} \\ x_{5w} \end{bmatrix} = \begin{bmatrix} 0.1029 & 0.4618 & \cdots & 0.9794 \\ 0.2040 & 0.5446 & \cdots & 0.1861 \\ 0 & 0.3299 & \cdots & 0.6043 \\ 0 & 0.0359 & \cdots & 1.0000 \\ 0.1718 & 0.3468 & \cdots & 0.6759 \\ 0.5000 & 0.5000 & \cdots & 1.0000 \end{bmatrix}$$

将该系数矩阵代入式（5.7）、式（5.8）得 $\Delta_{\min}=0$，$\Delta_{\max}=1$，则由式（5.9)得到参考序列与比较序列的绝对差矩阵为

$$\begin{bmatrix} \Delta_1 \\ \Delta_2 \\ \Delta_3 \\ \Delta_4 \\ \Delta_5 \end{bmatrix} = \begin{bmatrix} 0.1010 & 0.0828 & \cdots & 0.7933 \\ 0.1029 & 0.1318 & \cdots & 0.3751 \\ 0.1029 & 0.4258 & \cdots & 0.0206 \\ 0.0689 & 0.1149 & \cdots & 0.3036 \\ 0.3971 & 0.0382 & \cdots & 0.0206 \end{bmatrix}$$

将以上绝对差矩阵代入式（5.10）可得所有绝对差的均值 $\overline{\Delta}$，可得

$$\overline{\Delta}=\frac{1}{26\times 5}\sum_{j=1}^{5}\sum_{k=1}^{26}|y_1(k)-x_j(k)|=0.3050$$

$$E_\Delta=\frac{\overline{\Delta}}{\Delta_{\max}}=\frac{0.3050}{1}=0.3050$$

则分辨系数 θ 的取值区间为 $0.3050\leqslant\theta\leqslant 0.6100$，可以看出 $\Delta_{\max}>3\overline{\Delta}$，故对分辨系数 θ 的取值区间进行修正，$0.3050\leqslant\theta\leqslant 0.4575$，取 $\rho=1.25E_\Delta=0.3812$。

将以上所得结果代入式（5.6）可得各影响因素的灰色关联系数矩阵：

$$\begin{bmatrix} \xi_1 \\ \xi_2 \\ \xi_3 \\ \xi_4 \\ \xi_5 \end{bmatrix} = \begin{bmatrix} 0.7905 & 0.8216 & \cdots & 0.3246 \\ 0.7874 & 0.7430 & \cdots & 0.5040 \\ 0.7874 & 0.4723 & \cdots & 0.9488 \\ 0.8470 & 0.7684 & \cdots & 0.5567 \\ 0.4898 & 0.9088 & \cdots & 0.9488 \end{bmatrix}$$

将所得的灰色关联系数矩阵代入式（5.17）可得围岩温度 t、围岩声波纵波速度 u、锚杆应力 σ、围岩应力 p 和围岩强度应力比 π 对围岩变形 s_0 的加权灰色关联度 s_{sj}，其计算结果见表 5.4；根据式（5.5）和式（5.18）可得围岩温度 t、围岩声波纵波速度 u、锚杆应力 σ、围岩应力 p 和围岩强度应力比 π 对围岩变形 s_0 的模糊隶属度夹角余弦值 r_{sj} 以及模糊灰色关联度 R_{sj} 见表 5.4。

表 5.4　影响因素对围岩变形的模糊灰色关联分析结果

关联度值	x_1	x_2	x_3	x_4	x_5
r_{sj}	0.4473	0.8505	0.9253	0.9013	0.7375
s_{sj}	0.8034	0.8218	0.8822	0.8557	0.8161
R_{sj}	0.3594	0.6989	0.8164	0.7712	0.6018

表 5.4 表明，围岩温度 t、围岩声波纵波速度 u、锚杆应力 σ、围岩应力 p 和围岩强度应力比 π 对围岩变形 s_0 的模糊灰色关联度 $R_{sj}=[R_{j1},R_{j2},R_{j3},R_{j4},R_{j5}]=[0.3594,0.6989,0.8164,0.7712,0.6018]$，显然有 $R_{j3}>R_{j4}>R_{j2}>R_{j5}>R_{j1}$。因此，锚杆应力 σ、围岩应力 p、围岩声波纵波速度 u 和围岩变形 s_0 之间的模糊灰色关联度值较大，说明围岩变形 s_0 受锚杆应力 σ、围岩应力 p、围岩声波纵波速度 u 的影响较大，应采取相应的应对措施尽量减小锚杆应力 σ、围岩应力 p、围岩声波纵波速度 u 对其的有害影响。

4. 参考序列为锚杆应力时

此时围岩温度 t、围岩声波纵波速度 u、围岩变形 s_0、围岩应力 p 和围岩强度应力比 π 所组成的矩阵为比较序列 X，则有

$$Y=[0.586\quad 0.684\quad \cdots\quad 3.314]$$

$$X=\begin{bmatrix}x_1\\x_2\\x_3\\x_4\\x_5\end{bmatrix}=\begin{bmatrix}45.2 & 62.4 & \cdots & 34.3\\3.1252 & 4.0153 & \cdots & 5.2989\\0.0443 & 0.0565 & \cdots & 0.0741\\29.45 & 30.53 & \cdots & 32.56\\5 & 5 & \cdots & 6\end{bmatrix}$$

通过式（5.4）无量纲化后得到以下系数矩阵：

$$\begin{bmatrix}Y_{1\mathrm{w}}\\x_{1\mathrm{w}}\\x_{2\mathrm{w}}\\x_{3\mathrm{w}}\\x_{4\mathrm{w}}\\x_{5\mathrm{w}}\end{bmatrix}=\begin{bmatrix}0 & 0.0359 & \cdots & 1.0000\\0.2040 & 0.5446 & \cdots & 0.1861\\0 & 0.3299 & \cdots & 0.6043\\0.1029 & 0.4618 & \cdots & 0.9794\\0.1718 & 0.3468 & \cdots & 0.6759\\0.5000 & 0.5000 & \cdots & 1.0000\end{bmatrix}$$

将该系数矩阵代入式（5.7）、式（5.8）得 $\Delta_{\min}=0$，$\Delta_{\max}=1$，则由式（5.9）得到参考序列与比较序列的绝对差矩阵为

$$\begin{bmatrix}\Delta_1\\\Delta_2\\\Delta_3\\\Delta_4\\\Delta_5\end{bmatrix}=\begin{bmatrix}0.2040 & 0.5086 & \cdots & 0.8139\\0 & 0.2940 & \cdots & 0.3957\\0.1029 & 0.4258 & \cdots & 0.0206\\0.1718 & 0.3109 & \cdots & 0.3241\\0.5000 & 0.4641 & \cdots & 0\end{bmatrix}$$

将以上绝对差矩阵代入式（5.10）可得所有绝对差的均值 $\overline{\Delta}$，可得

$$\overline{\Delta}=\frac{1}{26\times 5}\sum_{j=1}^{5}\sum_{k=1}^{26}|y_1(k)-x_j(k)|=0.2975$$

$$E_\Delta=\frac{\overline{\Delta}}{\Delta_{\max}}=\frac{0.2975}{1}=0.2975$$

则分辨系数 θ 的取值区间为 $0.2975\leqslant\theta\leqslant0.5950$，可以看出 $\Delta_{\max}>3\overline{\Delta}$，故对分辨系数 θ 的取值区间进行修正，$0.2975\leqslant\theta\leqslant0.4462$，取 $\rho=1.25E_\Delta=0.3719$。

将以上所得结果代入式（5.6）可得各影响因素的灰色关联系数矩阵：

$$\begin{bmatrix}\xi_1\\\xi_2\\\xi_3\\\xi_4\\\xi_5\end{bmatrix}=\begin{bmatrix}0.6458 & 0.4223 & \cdots & 0.3136\\1.0000 & 0.5584 & \cdots & 0.4845\\0.7832 & 0.4661 & \cdots & 0.9475\\0.6840 & 0.5446 & \cdots & 0.5343\\0.4265 & 0.4448 & \cdots & 1.0000\end{bmatrix}$$

将所得的灰色关联系数矩阵代入式（5.17）可得围岩温度 t、围岩声波纵波速度 u、围岩变形 s_0、围岩应力 p 和围岩强度应力比 π 对锚杆应力 σ 的加权灰色关联度 s_{sj}，其计算结果见表 5.5；根据式（5.5）和式（5.18）可得围岩温度 t、围岩声波纵波速度 u、围岩变形 s_0、围岩应力 p 和围岩强度应力比 π 对锚杆应力 σ 的模糊隶属度夹角余弦值 r_{sj} 以及模糊灰色关联度 R_{sj} 见表 5.5。

表 5.5 影响因素对锚杆应力的模糊灰色关联分析结果

关联度值	x_1	x_2	x_3	x_4	x_5
r_{sj}	0.3557	0.9219	0.9253	0.9123	0.8616
s_{sj}	0.7777	0.8292	0.8805	0.8557	0.8268
R_{sj}	0.2766	0.7645	0.8148	0.7807	0.7124

表 5.5 表明，围岩温度 t、围岩声波纵波速度 u、围岩变形 s_0、围岩应力 p 和围岩强度应力比 π 对锚杆应力 σ 的模糊灰色关联度 $R_{sj}=[R_{j1},R_{j2},R_{j3},R_{j4},R_{j5}]=[0.2766,0.7645,0.8148,0.7807,0.7124]$，显然有 $R_{j3}>R_{j4}>R_{j2}>R_{j5}>R_{j1}$。因此，围岩变形 s_0、围岩应力 p、围岩声波纵波速度 u 和锚杆应力 σ 之间的模糊灰色关联度值较大，说明锚杆应力 σ 受围岩变形 s_0、围岩

应力 p、围岩声波纵波速度 u 的影响较大，应采取相应的应对措施尽量减小围岩变形 s_0、围岩应力 p、围岩声波纵波速度 u 对其的有害影响。

5. 参考序列为围岩应力时

此时围岩温度 t、围岩声波纵波速度 u、围岩变形 s_0、锚杆应力 σ 和围岩强度应力比 π 所组成的矩阵为比较序列 X，则有

$$Y=[29.45 \quad 30.53 \quad \cdots \quad 32.56]$$

$$X=\begin{bmatrix} x_1 \\ x_2 \\ x_3 \\ x_4 \\ x_5 \end{bmatrix}=\begin{bmatrix} 45.2 & 62.4 & \cdots & 34.3 \\ 3.1252 & 4.0153 & \cdots & 5.2989 \\ 0.0443 & 0.0565 & \cdots & 0.0741 \\ 0.586 & 0.684 & \cdots & 3.314 \\ 5 & 5 & \cdots & 6 \end{bmatrix}$$

通过式（5.4）无量纲化后得到以下系数矩阵：

$$\begin{bmatrix} Y_{1w} \\ x_{1w} \\ x_{2w} \\ x_{3w} \\ x_{4w} \\ x_{5w} \end{bmatrix}=\begin{bmatrix} 0.1718 & 0.3468 & \cdots & 0.6759 \\ 0.2040 & 0.5446 & \cdots & 0.1861 \\ 0 & 0.3299 & \cdots & 0.6043 \\ 0.1029 & 0.4618 & \cdots & 0.9794 \\ 0 & 0.0359 & \cdots & 1.0000 \\ 0.5000 & 0.5000 & \cdots & 1.0000 \end{bmatrix}$$

将该系数矩阵代入式（5.7）、式（5.8）得 $\Delta_{\min}=0$，$\Delta_{\max}=1$，则由式（5.9）得到参考序列与比较序列的绝对差矩阵为

$$\begin{bmatrix} \Delta_1 \\ \Delta_2 \\ \Delta_3 \\ \Delta_4 \\ \Delta_5 \end{bmatrix}=\begin{bmatrix} 0.0322 & 0.1977 & \cdots & 0.4897 \\ 0.1718 & 0.0169 & \cdots & 0.0715 \\ 0.0689 & 0.1149 & \cdots & 0.3036 \\ 0.1718 & 0.3109 & \cdots & 0.3241 \\ 0.3282 & 0.1532 & \cdots & 0.3241 \end{bmatrix}$$

将以上绝对差矩阵代入式（5.10）可得所有绝对差的均值 $\overline{\Delta}$，可得

$$\overline{\Delta}=\frac{1}{26\times 5}\sum_{j=1}^{5}\sum_{k=1}^{26}|y_1(k)-x_j(k)|=0.2894$$

$$E_{\Delta}=\frac{\overline{\Delta}}{\Delta_{\max}}=\frac{0.2894}{1}=0.2894$$

则分辨系数 θ 的取值区间为 $0.2894\leqslant\theta\leqslant 0.5789$，可以看出 $\Delta_{\max}>3\overline{\Delta}$，故对分辨系数 θ 的取值区间进行修正，$0.2894\leqslant\theta\leqslant 0.4341$，取 $\rho=1.25E_{\Delta}=0.3618$。

将以上所得结果代入式（5.6）可得各影响因素的灰色关联系数矩阵为

$$\begin{bmatrix}\xi_1\\ \xi_2\\ \xi_3\\ \xi_4\\ \xi_5\end{bmatrix}=\begin{bmatrix}0.9184 & 0.6466 & \cdots & 0.4249\\ 0.6780 & 0.9554 & \cdots & 0.8349\\ 0.8401 & 0.7589 & \cdots & 0.5438\\ 0.6780 & 0.5378 & \cdots & 0.5274\\ 0.5243 & 0.7026 & \cdots & 0.5274\end{bmatrix}$$

将所得的灰色关联系数矩阵代入式（5.17）可得围岩温度 t、围岩声波纵波速度 u、围岩变形 s_0、锚杆应力 σ 和围岩强度应力比 π 对围岩应力 p 的加权灰色关联度 s_{sj} 见表 5.6；根据式（5.5）和式（5.18）可得围岩温度 t、围岩声波纵波速度 u、围岩变形 s_0、锚杆应力 σ 和围岩强度应力比 π 对围岩应力 p 的模糊隶属度夹角余弦值 r_{sj} 以及模糊灰色关联度 R_{sj} 见表 5.6。

表 5.6　影响因素对围岩应力的模糊灰色关联分析结果

关联度值	x_1	x_2	x_3	x_4	x_5
r_{sj}	0.4863	0.9266	0.9013	0.9123	0.8386
s_{sj}	0.7837	0.8620	0.8514	0.8535	0.8249
R_{sj}	0.3811	0.7987	0.7674	0.7787	0.6918

表 5.6 表明，围岩温度 t、围岩声波纵波速度 u、围岩变形 s_0、锚杆应力 σ 和围岩强度应力比 π 对围岩应力 p 的模糊灰色关联度 $R_{sj}=[R_{j1},R_{j2},R_{j3},R_{j4},R_{j5}]=[0.3811,0.7987,0.7674,0.7787,0.6918]$，显然有 $R_{j2}>R_{j4}>R_{j3}>R_{j5}>R_{j1}$。因此，围岩声波纵波速度 u、锚杆应力 σ、围岩强度应力比 π 和围岩应力 p 之间的模糊灰色关联度值较大，说明围岩应力 p 受围岩声波纵波速度 u、锚杆应力 σ、围岩强度应力比 π 的影响较大，应采取相应的应对措施尽量减小围岩声波纵波速度 u、锚杆应力 σ、围岩强度应力比 π 对其的有害影响。

6. *参考序列为围岩强度应力比时*

此时围岩温度 t、围岩声波纵波速度 u、围岩变形 s_0、锚杆应力 σ 和围岩应力 p 所组成的矩阵为比较序列 X，则有

$$Y=[5\quad 5\quad \cdots\quad 6]$$

$$X=\begin{bmatrix}x_1\\ x_2\\ x_3\\ x_4\\ x_5\end{bmatrix}=\begin{bmatrix}45.2 & 62.4 & \cdots & 34.3\\ 3.1252 & 4.0153 & \cdots & 5.2989\\ 0.0443 & 0.0565 & \cdots & 0.0741\\ 0.586 & 0.684 & \cdots & 3.314\\ 29.45 & 30.53 & \cdots & 32.56\end{bmatrix}$$

通过式（5.4）无量纲化后得到以下系数矩阵：

$$\begin{bmatrix} Y_{1w} \\ x_{1w} \\ x_{2w} \\ x_{3w} \\ x_{4w} \\ x_{5w} \end{bmatrix} = \begin{bmatrix} 0.5000 & 0.5000 & \cdots & 1.0000 \\ 0.2040 & 0.5446 & \cdots & 0.1861 \\ 0 & 0.3299 & \cdots & 0.6043 \\ 0.1029 & 0.4618 & \cdots & 0.9794 \\ 0 & 0.0359 & \cdots & 1.0000 \\ 0.1718 & 0.3468 & \cdots & 0.6759 \end{bmatrix}$$

将该系数矩阵代入式（5.7）、式（5.8）得 $\Delta_{\min}=0$，$\Delta_{\max}=1$，则由式（5.9）得到参考序列与比较序列的绝对差矩阵为

$$\begin{bmatrix} \Delta_1 \\ \Delta_2 \\ \Delta_3 \\ \Delta_4 \\ \Delta_5 \end{bmatrix} = \begin{bmatrix} 0.2960 & 0.0446 & \cdots & 0.8139 \\ 0.5000 & 0.1701 & \cdots & 0.3957 \\ 0.3971 & 0.0382 & \cdots & 0.0206 \\ 0.5000 & 0.4641 & \cdots & 0 \\ 0.3282 & 0.1532 & \cdots & 0.3241 \end{bmatrix}$$

将以上绝对差矩阵代入式（5.10）可得所有绝对差的均值 $\overline{\Delta}$，可得

$$\overline{\Delta}=\frac{1}{26\times 5}\sum_{j=1}^{5}\sum_{k=1}^{26}\left| y_1(k)-x_j(k)\right|=0.3731$$

$$E_{\Delta}=\frac{\overline{\Delta}}{\Delta_{\max}}=\frac{0.3731}{1}=0.3731$$

则分辨系数 θ 的取值区间为 $0.3731\leqslant\theta\leqslant 0.7462$，可以看出 $\Delta_{\max}<3\overline{\Delta}$，故对分辨系数 θ 的取值区间进行修正，$0.5597\leqslant\theta\leqslant 0.7462$，取 $\rho=1.75E_{\Delta}=0.6529$。

将以上所得结果代入式（5.6）可得各影响因素的灰色关联系数矩阵：

$$\begin{bmatrix} \xi_1 \\ \xi_2 \\ \xi_3 \\ \xi_4 \\ \xi_5 \end{bmatrix} = \begin{bmatrix} 0.6880 & 0.9361 & \cdots & 0.4451 \\ 0.5663 & 0.7934 & \cdots & 0.6227 \\ 0.6219 & 0.9447 & \cdots & 0.9694 \\ 0.5663 & 0.5845 & \cdots & 1.0000 \\ 0.6655 & 0.8100 & \cdots & 0.6683 \end{bmatrix}$$

将所得的灰色关联系数矩阵代入式（5.17）可得围岩温度 t、围岩声波纵波速度 u、围岩变形 s_0、锚杆应力 σ 和围岩应力 p 对围岩强度应力比 π 的加权灰色关联度 s_{sj}，其计算结果见表 5.7；根据式（5.5）和式（5.18）可得围岩温度 t、围岩声波纵波速度 u、围岩变形 s_0、锚杆应力 σ 和围岩应力 p 对围岩强度应力比 π 的模糊隶属度夹角余弦值 r_{sj} 以及模糊灰色关联度 R_{sj} 见表 5.7。

表 5.7 影响因素对围岩强度应力比的模糊灰色关联分析结果

关联度值	x_1	x_2	x_3	x_4	x_5
r_{sj}	0.3687	0.8946	0.7375	0.8616	0.8386
s_{sj}	0.8150	0.8798	0.8579	0.8727	0.8718
R_{sj}	0.3005	0.7871	0.6327	0.7518	0.7311

表 5.7 表明，围岩温度 t、围岩声波纵波速度 u、围岩变形 s_0、锚杆应力 σ 和围岩应力 p 对围岩强度应力比 π 的模糊灰色关联度 $R_{sj}=[R_{j1},R_{j2},R_{j3},R_{j4},R_{j5}]=[0.3005,0.7871,0.6327,0.7518,0.7311]$，显然有 $R_{j2}>R_{j4}>R_{j5}>R_{j3}>R_{j1}$。因此，围岩声波纵波速度 u、锚杆应力 σ、围岩应力 p 和围岩强度应力比 π 之间的模糊灰色关联度值较大，说明围岩强度应力比 π 受围岩声波纵波速度 u、锚杆应力 σ、围岩应力 p 的影响较大，应采取相应的应对措施尽量减小围岩声波纵波速度 u、锚杆应力 σ、围岩强度应力比 π 对其的有害影响。

7. 计算结果讨论

图 5.1 为分别以围岩温度 t、围岩声波纵波速度 u、围岩变形 s_0、锚杆应力 σ、围岩应力 p 和围岩强度应力比 π 为参考序列而所得到的地下金属矿山采场围岩稳定性影响因素关联度，$R_1=\{R_{11},R_{12},R_{13},R_{14},R_{15}\}$，$R_2=\{R_{21},R_{22},R_{23},R_{24},R_{25}\}$，$R_3=\{R_{31},R_{32},R_{33},R_{34},R_{35}\}$，$R_4=\{R_{41},R_{42},R_{43},R_{44},R_{45}\}$，$R_5=\{R_{51},R_{52},R_{53},R_{54},R_{55}\}$，$R_6=\{R_{61},R_{62},R_{63},R_{64},R_{65}\}$的对比结果。图 5.1 表明，6 种不同参考序列下所得到的地下金属矿山采场围岩稳定性影响因素关联度满足：①以围岩温度 t 为参考序列时，5 个影响因素的

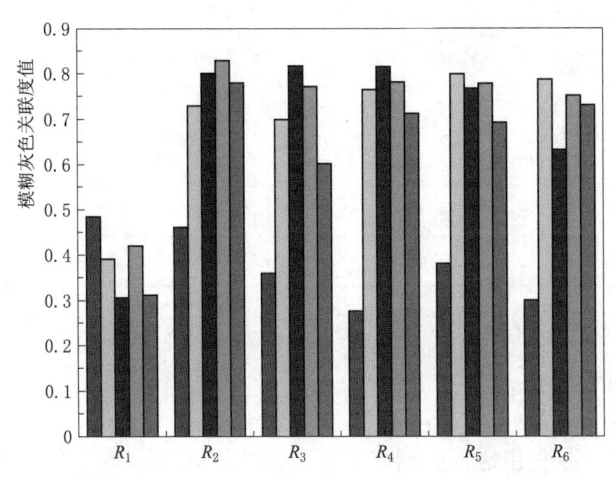

图 5.1 地下金属矿山采场围岩稳定性影响因素模糊灰色关联度对比

模糊灰色关联度值均小于 0.5；②以围岩声波纵波速度 u 为参考序列，有 3 个影响因素的模糊灰色关联度值大于 0.75，4 个影响因素的模糊灰色关联度值大于 0.7；③以围岩变形 s_0 为参考序列时，有 2 个影响因素的模糊灰色关联度值大于 0.75，3 个影响因素的模糊灰色关联度值大于 0.70；④以锚杆应力 σ 为参考序列时，有 3 个影响因素的模糊灰色关联度值大于 0.75，4 个影响因素的模糊灰色关联度值大于 0.70；⑤以围岩应力 p 为参考序列时，有 3 个影响因素的模糊灰色关联度值大于 0.75，4 个影响因素的模糊灰色关联度值大于 0.70；⑥以围岩强度应力比 π 为参考序列时，有 3 个影响因素的模糊灰色关联度值大于 0.75，3 个影响因素的模糊灰色关联度值大于 0.70。

令 $\sum_i(i=1,2,3,4,5,6)$ 表示第 i 次互为影响因素时，地下金属矿山采场围岩稳定性影响因素模糊灰色关联度求和，则可定义为：$\sum_1=R_{21}+R_{31}+R_{41}+R_{51}+R_{61}$，$\sum_2=R_{12}+R_{32}+R_{42}+R_{52}+R_{62}$，$\sum_3=R_{13}+R_{23}+R_{43}+R_{53}+R_{63}$，$\sum_4=R_{14}+R_{24}+R_{34}+R_{54}+R_{64}$，$\sum_5=R_{15}+R_{25}+R_{35}+R_{45}+R_{65}$，$\sum_6=R_{16}+R_{26}+R_{36}+R_{46}+R_{56}$，地下金属矿山采场围岩稳定性影响因素互为影响因素时，地下金属矿山采场围岩稳定性影响因素模糊灰色关联分析结果见表 5.8。

表 5.8　互为影响因素时地下金属矿山采场围岩稳定性影响因素模糊灰色关联分析结果

参数	t	u	s	σ	p	π
t	1	$R_{12}=0.4844$	$R_{13}=0.3912$	$R_{14}=0.3057$	$R_{15}=0.4200$	$R_{16}=0.3120$
c	$R_{21}=0.4611$	1	$R_{23}=0.7292$	$R_{24}=0.8005$	$R_{25}=0.8281$	$R_{26}=0.7795$
s	$R_{31}=0.3594$	$R_{32}=0.6989$	1	$R_{34}=0.8164$	$R_{35}=0.7712$	$R_{36}=0.6018$
σ	$R_{41}=0.2766$	$R_{42}=0.7645$	$R_{43}=0.8148$	1	$R_{45}=0.7807$	$R_{46}=0.7124$
p	$R_{51}=0.3811$	$R_{52}=0.7987$	$R_{53}=0.7674$	$R_{54}=0.7787$	1	$R_{56}=0.6918$
π	$R_{61}=0.3005$	$R_{62}=0.7871$	$R_{63}=0.6327$	$R_{64}=0.7518$	$R_{65}=0.7311$	1
$\sum$	$\sum_1=1.7787$	$\sum_2=3.5336$	$\sum_3=3.3353$	$\sum_4=3.4531$	$\sum_5=3.5311$	$\sum_6=3.0975$

由表 5.8 可知，有：

$$\sum_2=3.5336>\sum_5=3.5311>\sum_4=3.4531>\sum_3=3.3353>\sum_6=3.0975>\sum_1=1.7787$$

因此，围岩形变在地下金属矿山采场围岩稳定中起到主导作用，是 6 个因素中的最主要影响因素，其次为围岩应力、锚杆应力、围岩声波纵波速度和围岩强度应力比，而围岩温度在地下金属矿山采场围岩稳定中起到相对较小的影响，这与某地下金属矿山采场围岩稳定性现场监测实际结果比较接近。

显然，模糊灰色关联分析模型可克服地下金属矿山采场围岩稳定性分析中诸如样本量小并且规律性不明显的不足，可为辨析影响地下金属矿山采场围岩的主要因素提供快速有效方法，且其研究结果也可为采取有效措施控制地下金属矿山采场围岩稳定性提供较好参考依据。

5.2.2 地下金属矿山采场围岩声发射信号影响因素模糊灰色关联分析

参考序列为声发射信号能率 E 时，此时围岩温度 t、围岩声波纵波速度 u、围岩变形 s_0、锚杆应力 σ、围岩应力 p 和围岩强度应力比 π 所组成的矩阵为比较序列 X，则有

$$Y=[3.156 \quad 1.213 \quad \cdots \quad 4.656]$$

$$X=\begin{bmatrix} x_1 \\ x_2 \\ x_3 \\ x_4 \\ x_5 \\ x_6 \end{bmatrix}=\begin{bmatrix} 45.2 & 62.4 & \cdots & 34.3 \\ 3.1252 & 4.0153 & \cdots & 5.2989 \\ 0.0443 & 0.0565 & \cdots & 0.0741 \\ 0.586 & 0.684 & \cdots & 3.314 \\ 29.45 & 30.53 & \cdots & 32.56 \\ 5 & 5 & \cdots & 6 \end{bmatrix}$$

通过式（5.4）无量纲化后得到以下系数矩阵：

$$\begin{bmatrix} Y_{1w} \\ x_{1w} \\ x_{2w} \\ x_{3w} \\ x_{4w} \\ x_{5w} \\ x_{6w} \end{bmatrix}=\begin{bmatrix} 0.5536 & 0 & \cdots & 0.9809 \\ 0.2040 & 0.5446 & \cdots & 0.1861 \\ 0 & 0.3299 & \cdots & 0.6043 \\ 0.1029 & 0.4618 & \cdots & 0.9794 \\ 0 & 0.0359 & \cdots & 1.0000 \\ 0.1718 & 0.3468 & \cdots & 0.6759 \\ 0.5000 & 0.5000 & \cdots & 1.0000 \end{bmatrix}$$

将该系数矩阵代入式（5.7）、式（5.8）得 $\Delta_{\min}=0$，$\Delta_{\max}=1$，则由式（5.9）得到参考序列与比较序列的绝对差矩阵为

$$\begin{bmatrix} \Delta_1 \\ \Delta_2 \\ \Delta_3 \\ \Delta_4 \\ \Delta_5 \\ \Delta_6 \end{bmatrix}=\begin{bmatrix} 0.3496 & 0.5446 & \cdots & 0.7948 \\ 0.5536 & 0.3299 & \cdots & 0.3766 \\ 0.4506 & 0.4618 & \cdots & 0.0015 \\ 0.5536 & 0.0359 & \cdots & 0.0191 \\ 0.3818 & 0.3468 & \cdots & 0.3051 \\ 0.0536 & 0.5000 & \cdots & 0.0191 \end{bmatrix}$$

将以上绝对差矩阵代入式（5.10）可得所有绝对差的均值 $\overline{\Delta}$，可得

$$\overline{\Delta}=\frac{1}{26\times 6}\sum_{j=1}^{6}\sum_{k=1}^{26}|y_1(k)-x_j(k)|=0.2946$$

$$E_\Delta=\frac{\overline{\Delta}}{\Delta_{\max}}=\frac{0.2946}{1}=0.2946$$

则分辨系数 θ 的取值区间为 $0.2946\leqslant\theta\leqslant 0.5892$，可以看出 $\Delta_{\max}>3\overline{\Delta}$，故对分辨系数 θ 的取值区间进行修正，$0.2946\leqslant\theta\leqslant 0.4419$，取 $\rho=1.25E_\Delta=0.3682$。

将以上所得结果代入式（5.6）可得各影响因素的灰色关联系数矩阵。

将所得的灰色关联系数矩阵代入式（5.17）可得围岩温度 t、围岩声波纵波速度 u、围岩变形 s_0、锚杆应力 σ、围岩应力 p 和围岩强度应力比 π 对围岩声发射信号的加权灰色关联度 s_{sj}，其计算结果见表 5.8；根据式（5.5）和式（5.18）可得围岩温度 t、围岩声波纵波速度 u、围岩变形 s_0、锚杆应力 σ、围岩应力 p 和围岩强度应力比 π 对围岩声发射信号的模糊隶属度夹角余弦值 r_{sj} 以及模糊灰色关联度 R_{sj} 见表 5.9。

$$\begin{bmatrix}\xi_1\\ \xi_2\\ \xi_3\\ \xi_4\\ \xi_5\\ \xi_6\end{bmatrix}=\begin{bmatrix}0.5137 & 0.4040 & \cdots & 0.3171\\ 0.4001 & 0.5282 & \cdots & 0.4951\\ 0.4504 & 0.4443 & \cdots & 0.9973\\ 0.4001 & 0.9124 & \cdots & 0.9520\\ 0.4917 & 0.5157 & \cdots & 0.5477\\ 0.8742 & 0.4247 & \cdots & 0.9520\end{bmatrix}$$

表 5.9　影响因素对地下金属矿山采场围岩声发射信号的模糊灰色关联分析结果

关联度值	x_1	x_2	x_3	x_4	x_5	x_6
r_{sj}	0.6184	0.9003	0.8604	0.8900	0.8748	0.8165
s_{sj}	0.7916	0.8309	0.8458	0.8742	0.8365	0.8221
R_{sj}	0.4896	0.7481	0.7278	0.7781	0.7318	0.6712

表 5.9 表明，围岩温度 t、围岩声波纵波速度 u、围岩变形 s_0、锚杆应力 σ、围岩应力 p 和围岩强度应力比 π 对围岩声发射信号 E 的模糊灰色关联度 $R_{sj}=[R_{j1},R_{j2},R_{j3},R_{j4},R_{j5}]=[0.4896,0.7481,0.7278,0.7781,0.7318,0.6712]$，显然有 $R_{j4}>R_{j2}>R_{j5}>R_{j3}>R_{j6}>R_{j1}$。因此，锚杆应力 σ、围岩声波纵波速度 u、围岩应力 p 和围岩变形 s_0 等影响因素的模糊灰色关联度值较大，说明锚杆应力 σ、围岩声波纵波速度 u、围岩应力 p、围岩变形 s_0 和围岩强度应力比 π 对地下金属矿山采场围岩声发射信号能率 E 的影响较大，因

此，这为以锚杆应力 σ、围岩声波纵波速度 u、围岩应力 p、围岩变形 s_0 和围岩强度应力比 π 为地下金属矿山采场围岩声发射信号能率 E 预测模型的输入参数，对地下金属矿山采场围岩稳定性进行预警分析提供了重要的前提条件。

5.3 本章小结

（1）采用模糊理论和灰色关联理论相结合方法建立了改进的模糊灰色关联分析模型，并对岩锚梁稳定性影响因素进行了模糊灰色关联分析，得出了各影响因素对地下金属矿山采场围岩稳定性和地下金属矿山采场围岩声发射信号的影响程度及各影响因素间的关联程度。

（2）研究结果指出了围岩形变对地下金属矿山采场围岩稳定性影响最大的因素，其次围岩应力、锚杆应力、围岩声波纵波速度和围岩强度应力比，对地下金属矿山采场围岩稳定性影响最小的是围岩温度。

（3）研究结果指出了锚杆应力 σ、围岩声波纵波速度 u、围岩应力 p、围岩变形 s_0 和围岩强度应力比 π 对反映地下金属矿山采场围岩稳定性的地下金属矿山采场围岩声发射信号能率 E 的影响较大，这为以锚杆应力 σ、围岩声波纵波速度 u、围岩应力 p、围岩变形 s_0 和围岩强度应力比 π 为能够地下金属矿山采场围岩声发射信号能率 E 预测模型的输入参数，可为地下金属矿山采场围岩失稳灾变预警分析提供重要的前提条件。

（4）建立的模糊灰色关联分析模型十分有利于样本量小且具有的不确定性、模糊性与灰色性的复杂系统影响因素的模糊灰色关联分析。

本章参考文献

[1] 徐海．地下金属矿山产能优化及开采规划［D］．长沙：中南大学，2012.

[2] 陈刚．大采高采场围岩的矿压显现规律研究［D］．北京：中国矿业大学（北京），2011.

[3] 张向阳．采场围岩应力壳力学特征的柱宽效应研究［D］．淮南：安徽理工大学，2013.

[4] 唐礼忠，周建雄，张君，等．动力扰动下深部采空区围岩力学响应及充填作用效果［J］．成都理工大学学报（自然科学版），2012，39（6）：623－628.

[5] 王磊，姜琦，王煜．沿空留巷采场围岩力学特征数值模拟研究［J］．地下空间与工程学报，2015，11（6）：1564－1571.

[6] 付玉华．露天转地下开采岩体稳定性及岩层移动规律研究［D］．长沙：中南大学，2010.

[7] 宋卫东，徐文彬，杜建华，等．长壁法开采缓倾斜极薄铁矿体围岩变形破坏机理［J］．北京科技大学学报，2011，33（3）：264－269.

[8] 王东旭，宋卫东，颜钦武，等．大冶铁矿嗣后充填采场围岩变形机理研究 [J]. 金属矿山，2012 (8)：1 - 5.

[9] ZUO H. Empirical study on multilevel fuzzy entropy weight performance evaluation model of the petroleum products export processing enterprises in China [J]. Applied Mathematics & Information Sciences，2015，9 (4)：2185 - 2193.

[10] WANS S Y，ZUO H Y. Safety diagnosis on coal mine production system based on fuzzy logic inference [J]. Journal of Central South University，2012，19 (2)：477 - 481.

[11] E J Q，LI Y Q，GONG J K. Function chain neural network prediction on heat transfer performance of oscillating heat pipe based on grey relational analysis [J]. Journal of Central South University，2011，18 (5)：1733 - 1738.

[12] DELI I，ÇAĜMAN N. Intuitionistic fuzzy parameterized soft set theory and its decision making [J]. Applied Soft Computing，2015，28：109 - 113.

[13] WANG Z J，WANG Q，AI T. Comparative study on effects of binders and curing ages on properties of cement emulsified asphalt mixture using gray correlation entropy analysis [J]. Construction and Building Materials，2014，54 (2)：615 - 622.

[14] MAO D F，DUAN M L，LI X Z，et al. Selection of deepwater floating oil platform based on grey correlation [J]. Petroleum Exploration and Development，2013，40 (6)：796 - 800.

[15] 鄂加强，龙艳平，王曙辉，等．动力锂离子电池充电过程热模拟及影响因素灰色关联分析 [J]. 中南大学学报（自然科学版），2013，44 (3)：998 - 1005.

[16] ZHANG X，JIN F，LIU P D. A grey relational projection method for multi - attribute decision making based on intuitionistic trapezoidal fuzzy number [J]. Applied Mathematical Modelling，2013，37 (5)：3467 - 3477.

[17] WEI G W. Gray relational analysis method for intuitionistic fuzzy multiple attribute decision making [J]. Expert Systems with Applications，2011，38 (9)：11671 - 11677.

[18] ZUO W，E J，LIU X，et al. Orthogonal experimental design and fuzzy grey relational analysis for emitter efficiency of the micro - cylindrical combustor with a step [J]. Applied Thermal Engineering，2016，103：945 - 951.

第6章　基于声发射信号的地下金属矿山采场围岩失稳灾变预警分析

对于地下金属矿山开采这样的复杂系统而言，地下金属矿山采场围岩稳定性预警预报总是在不确定，且往往是不稳定的环境下进行的，地下金属矿山开采系统中的不确定和不稳定的等非线性因素，往往导致地下金属矿山采场围岩稳定性预警预报精度不高[1-3]，如采用建立在线性理论下的预测模型或部分因素和指标，来对地下金属矿山采场围岩稳定性预警模型的输入、输出进行模拟、预测和调控，往往不能真正揭示影响地下金属矿山开采系统稳定性的非线性机理问题，当然也不能有效提高其预测精度。

第5章的研究结果表明，围岩变形、锚杆应力、围岩声波纵波速度、围岩应力和围岩强度应力比等对能够反映地下金属矿山采场围岩稳定性的地下金属矿山采场围岩声发射信号的影响较大，考虑到反映地下金属矿山采场围岩稳定性的地下金属矿山采场围岩声发射信号的观测值，需进行长时间的检测或人工分析和计算得到，为减少样本获取过程中多次改变系统控制量的设定点，影响地下金属矿山开采过程的正常运行，需要一种只需少量样本就能获得较好性能的预测方法，而模糊最小二乘支持向量机在解决此问题方面具有很好的优点[4-13]。为此，提出将自适应变尺度方法引入模糊最小二乘支持向量机，改善模糊最小二乘支持向量机的泛化能力，并以围岩变形、锚杆应力、围岩声波纵波速度、围岩应力和围岩强度应力比作为自适应变尺度模糊最小二乘支持向量机预测方法的输入参数，将金属矿山围岩声发射信号，作为自适应变尺度模糊最小二乘支持向量机预测方法的输出参数，构建基于声发射信号的地下金属矿山采场围岩稳定性的预测模型，然后采用灾变理论对其进行预警分析。工程应用结果表明，基于声发射信号的地下金属矿山采场围岩稳定性预警分析计算量小，并具有较高的预测精度。

6.1　灾变理论概述

被誉为“微积分以后数学上的一次革命”的灾变理论[14-16]是数学领域中关于奇点的理论，在直接处理不连续而不联系任何特殊的内在机制方面具有明显的优势，特别适合用来研究内部作用尚属未知的复杂系统以及不连续的可信观察的情况[17]。

6.1.1 结构稳定性

对于参数连续变化的 m 维参数函数族，如可将其看作 m 维空间中的坐标，则每个函数都可用该 m 维空间中的点来表示。假设 $f(X_0)$ 为对应于 X_0 点的函数，且任意足够靠近点 X_0 的 Y_0 点来说，其相应函数 $f(Y_0)$ 与 $f(X_0)$有相同的形式，则函数 $f(Y_0)$ 称为 m 维参数函数族的一个结构稳定函数（或生成函数）。函数 $f(X_0)$ 的生成点 X_0 的所有结构稳定函数 $f(Y_0)$（或生成函数）的集合被称为生成点的子集，而所有对应于函数 $f(X_0)$ 的非生成点 X_0 的集合则为该集合的补集，即分歧点集。

显然，所谓 m 维参数函数族的结构稳定性，是指任何小的扰动不会引起 m 维参数函数族在性质上有所变化，即 m 维参数函数族的任意函数不论具有何种形式，都必须同时满足原来的族和受扰动的族的性质，且分歧点集的拓扑结构必须保持不变。

对于二元参数函数族 $f(x)=x^4+ux^2+vx$ 的结构稳定性而言，通常是指对于几乎全部 u 和 v 的值时 $f(x)$ 是稳定的。

此外，作为特例，可把函数族取为单变量 x 的多项式，其幂指数小于或等于 n，其中 n 可为任意大的有限值。多项式中的系数即为函数族的参数，若两个多项式的系数相互接近，则可认为该两个多项式“相互接近”。如两个多项式在靠近 $x=0$ 处临界点的配置相同，则可称它们是相同类型的多项式。

为判定函数族中 x^4 是否稳定，可将其与式（6.1）的临近多项式进行比较：

$$g(x)=x^4+ax^k \tag{6.1}$$

式中：a 为较小的数；k 为整数。

显然，x^4 在原点（0,0）附近存在极小值 0，当 $k<4$ 时，存在以下情况：①但若 $k=3$，则 $g(x)$ 在原点（0,0）存在拐点，而在 $x=-3a/4$ 处有极小值；②当 $k=2$ 且 $a<0$ 时，则 $g(x)$ 在原点（0,0）有极大值，同时在 $x=\pm(-a/4)^{1/2}$有极小值。

但当 $g(x)=x^4+ax^2$ 添加较小的线性项变换为式（6.2）的函数后，此时 $g(x)$ 和 $W(x)$ 的类型已经不再相同。即式（6.2）在 $x=0$ 附近存在一个极小值和一个拐点。

$$W(x)=x^4+ax^k+bx \tag{6.2}$$

就任意靠近原点（0,0）处发生的情况而言，对任意给定 $\varepsilon>0$，总能选出足够靠近 x^4 的形式为 x^4+ax^k 的多项式（即若 $|a|$ 的绝对值足够小），以使外加的临界点位于 $x=0$ 的 ε 邻域内。但该情况对 x^4+ax^5 并不成立，因为外

加的临界点位于 $x=-4/(5a)$ 处，故选 $|a|$ 的绝对值任意小会使临界点离开原来点任意远。

以上分析结果表明，x^4 和族 x^4+ax^2 都不是结构稳定的，因为存在着接近它们而不是相同类型的多项式。

由于外加五次项或高次项不会影响族式（6.3）所示的函数的类型，是结构稳定的。

$$T(x)=x^4+ax^3+bx^2+cx+d \tag{6.3}$$

对于式（6.3）所示的函数而言，只要改变其原点，就可简单地把族 $T(x)$ 中的任意多项式写成没有三次项或者没有常数项的形式，故从而在族 $V(x)$ 中的所有类型，也都出现在式（6.4）所示的族中。

$$V(x)=x^4+ux^2+vx \tag{6.4}$$

由此可见，式（6.4）所示的族 $V(x)$ 是结构稳定的。故不稳定多项式 x^4 可以通过添加两项而达到结构稳定。

故 $V(x)$ 被称为奇点 x^4 的一个扩展。虽然 x^4 看起来只有一个临界点，但更准确地说，它有三个相互重合的临界点。通过对函数的适当扰动，可把它们分离开来，而发现比起当初显示的要丰富得多的类型范围。

结构稳定的扩展叫完全扩展；$T(x)$ 和 $V(x)$ 都是完全扩展，而 x^4+ax^2 是非完全扩展的一个例子。如果一个扩展像 $V(x)$ 那样是完全的，并且对于完全扩展而言，它的参数个数为最少，那它就称为万能扩展。

众所周知，任何一个足够光滑的单变量函数至少可在形式上展开成泰勒级数，除开因子 $1/n!$ 外，x^n 的系数恰好是 n 阶导数 $f^{(n)}(0)$。由初等微积分可知，一个单变量函数的临界点的性质通常取决于二阶导数的符号。但若二阶导数为 0，就必须观察三阶导数；若三阶导数也是 0，则必须继续观察四阶导数，以此类推。如果除二阶导数以外必须继续观察 n 项才能确定临界点的种类，则称这个函数有一个 n 重退化，而需要 n 个扩展常数来使它稳定即每缺一项就需要一个扩展参数。

一般地，奇点 x^4 的万能扩展 $V(x)$ 与研究灾变结构时所遇到的函数相同，故可将这两种类型的结构稳定性联系起来。

总之，自然界和数学中的动力学系统不全是结构稳定的，而稳定系统又往往是自然界和人类社会所存在的理想境界，故对自然界和数学中的稳定系统的分析一直科研工作者追求的方向。

6.1.2 剖分引理

众所周知，采用一个状态变量很难用来恰当地描述大多数动力学系统，而采用二个及其以上状态变量才有可能较好地描述大多数动力学系统。

设 $f(x,y)$ 为 x 和 y 的光滑函数，并假设其在原点（0,0）存在临界点，故在原点（0,0）处光滑函数的函数值 $f(0,0)$、偏导数值 $f_x(0,0)$ 和偏导数值 $f_y(0,0)$ 满足：

$$f(0,0)=f_x(0,0)=f_y(0,0)=0 \tag{6.5}$$

$f(x,y)$ 的泰勒级数可表示为

$$f(x,y)=(\alpha x^2+2\gamma\varepsilon xy+\beta y^2)/2+\text{高次项} \tag{6.6}$$

其中，$\alpha=\partial^2 f/\partial x^2$，$\gamma=\partial^2 f/(\partial x\partial y)$，$\beta=\partial^2 f/\partial y^2$。

众所周知，根据解析几何知识，式（6.7）所示的曲线为圆锥截线。

$$\alpha x^2+2\gamma xy+\beta y^2=c \tag{6.7}$$

式中：c 为常数。

以下分情况讨论式（6.7）所示的圆锥截线的形状：①如果 $\alpha\beta-\gamma^2>0$，则式（6.7）所示的圆锥截线或者为椭圆（若 $\alpha c>0$），或没有实的点（若 $\alpha c<0$）；②如果 $\alpha\beta-\gamma^2<0$，则为式（6.7）所示的圆锥截线双曲线，而 αc 的符号则决定两根主轴中哪一根是横轴。

考虑曲面 $z=f(x,y)$ 与平面 $z=\pm\varepsilon(|\varepsilon|\to 0)$ 的交线，为方便起见，令 $\Delta=\alpha\beta-\gamma^2$，可知对于函数 $f(x,y)$ 的四种类型的临界点的充分条件是：①极大点：$\Delta>0$，$\beta/\alpha<0$；②极小点：$\Delta>0$，$\beta/\alpha>0$；③鞍点：$\Delta<0$；④$\Delta=0$ 的情况待定。

在非退化临界点近旁，一个单变量函数可很好地用一条抛物线来近似，对极小点其开口向上，而对极大点其开口向下。推广到二变量函数的情况是：靠近一个非退化临界点，它可以用一个椭圆抛物面（对极大点或极小点）或者用一个双曲抛物面（对鞍点）来很好地加以近似，如图 6.1 所示。

当 $\Delta=0$ 时，由于存在可任意靠近函数 $f(x,y)$ 的 $\Delta>0$ 和 $\Delta<0$ 的函数，而这些函数通常有不同的类型，故函数 $f(x,y)$ 是结构不稳定的。

若函数 $f(x,y)$ 的三个二阶偏导数在原点（0,0）全部为零，则显然有 $\Delta=0$。此时 $z=f(x,y)$ 在 x 方向和 y 方向都是退化的。此外，假定 $\alpha\beta=\gamma^2$，但并非所有导数分别为 0，则当 $\alpha\beta-\gamma^2=0$ 时，$|\alpha x^2+2\gamma xy+\beta y^2|$ 为完全平方，因此，函数 $f(x,y)$ 可以表示为

$$f(x,y)=(ux+vy)^2/2+\text{高次项} \tag{6.8}$$

采用旋转坐标轴对式（6.8）进行展开，变换后的新坐标 u 和 v 可表示为

$$\begin{cases} u=\dfrac{px+qy}{\sqrt{p^2+q^2}} \\ v=\dfrac{px-qy}{\sqrt{p^2+q^2}} \end{cases} \tag{6.9}$$

其中，$p=|\alpha|^{1/2}$，$q=|\beta|^{1/2}$。

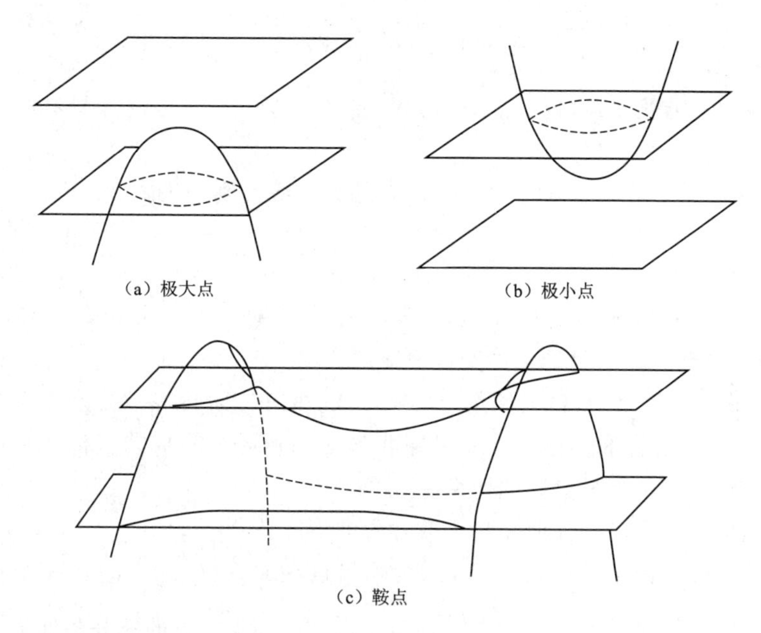

图 6.1 三维情况下的临界点

分别计算 $f(u,v)$ 对 u 和 v 的一阶偏导数和二阶偏导数在原点的值，则可满足：

$$\begin{cases}\dfrac{\partial f}{\partial u}=\dfrac{\partial f}{\partial v}=\dfrac{\partial^2 f}{\partial v^2}=\dfrac{\partial^2 f}{\partial u\partial v}=0 \\ \dfrac{\partial^2 f}{\partial u^2}=\pm(\alpha^2+\beta^2)\neq 0\end{cases} \tag{6.10}$$

因此，$f(u,v)$ 在 u 方向上要么存在一个极大值，要么存在一个极小值（取决于 $f(u,v)$ 的符号），但尚不知 $f(u,v)$ 在 v 方向上的情况。

考虑到二次项为止，如图 6.2 所示的曲面 $z=f(x,y)$ 为一个抛物柱面情况。

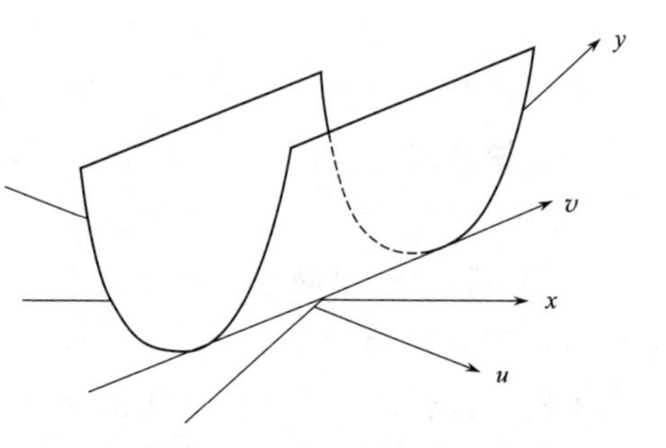

图 6.2 曲面 $z=f(x,y)$ 的抛物柱面情况

由于除 $f(u,v)$ 在 v 方向外，其余各个方向上的情况都已清楚，则令 $s=u\sin\theta+v\cos\theta$，在原点 (0,0) 处有

$$\frac{\mathrm{d}f}{\mathrm{d}s}=\sin\theta\,\frac{\partial f}{\partial u}+\cos\theta\,\frac{\partial f}{\partial v}=0 \tag{6.11}$$

$$\frac{\mathrm{d}^2 f}{\mathrm{d}s^2}=\sin^2\theta\frac{\partial^2 f}{\partial u^2}+2\sin\theta\cos\theta\frac{\partial^2 f}{\partial u\partial v}+\cos^2\theta\frac{\partial^2 f}{\partial u\partial v}=\sin^2\theta\frac{\partial^2 f}{\partial u^2} \tag{6.12}$$

因此，只有当 $\theta\neq 0$ 时，$f(u,v)$ 才能在 s 方向与 u 方向上具有相同类型的性态。

当 $\theta=0$ 时，在 v 方向上，$f(u,v)$ 的泰勒级数则变为

$$f(u,v)=\frac{v^3}{3!}\frac{\partial^3 f}{\partial v^3}+\frac{v^4}{4!}\frac{\partial^4 f}{\partial v^4}+\cdots\cdots \tag{6.13}$$

式（6.13）表明，变量 u 在 $f(u,v)$ 的泰勒级数展开中没起作用，即 $f(u,v)$的泰勒级数已经退化单变量情况。

推论6.1：若 $\Delta=0$，当函数 $f(x,y)$ 的所有二阶偏导数分别为0时，则函数 $f(x,y)$ 是双重退化的。如果并非如此，则通过简单的坐标变换，可以把问题约化为对单变量函数的研究。

以上推论可推广到任何变量个数有限的情况。

剖分引理：设 $f(x_1,x_2,\cdots,x_n)$为临界点在原点（0,0）的有 n 个独立变量的函数，且在原点（0,0）处 $f(x_1,x_2,\cdots,x_n)$和它所有的一阶偏导数均为0，并构成式（6.14）所示的 $f(x_1,x_2,\cdots,x_n)$的 *Hessen* 矩阵为

$$\begin{bmatrix} \frac{\partial^2 f}{\partial x_1^2} & \frac{\partial^2 f}{\partial x_1\partial x_2} & \frac{\partial^2 f}{\partial x_1\partial x_3} & \cdots & \frac{\partial^2 f}{\partial x_1\partial x_n} \\ \frac{\partial^2 f}{\partial x_2\partial x_1} & \frac{\partial^2 f}{\partial x_2^2} & \frac{\partial^2 f}{\partial x_2\partial x_3} & \cdots & \frac{\partial^2 f}{\partial x_2\partial x_n} \\ \vdots & \vdots & \vdots & \vdots & \vdots \\ \frac{\partial^2 f}{\partial x_n\partial x_1} & \frac{\partial^2 f}{\partial x_n\partial x_2} & \frac{\partial^2 f}{\partial x_n\partial x_3} & \cdots & \frac{\partial^2 f}{\partial x_n^2} \end{bmatrix} \tag{6.14}$$

可以证明，若 Hessen 矩阵的秩为 n(即若它的行列式不为0)，则存在一个坐标变换能把 $f(x_1,x_2,\cdots,x_n)$写成式（6.15）所示的形式。

$$f=\varepsilon_{r+1}x_{r+1}^2+\varepsilon_{r+2}x_{r+2}^2+\cdots\cdots+\varepsilon_n x_n^2+\text{高次项} \tag{6.15}$$

结构不稳定性只局限于变量 x_1，x_2，…，x_r，从而可以只根据这些变量来分析，其余变量 x_{r+1}，x_{r+2}，…，x_n 均可以忽略。

因此，根据剖分引理，可把变量分成两类：①与结构不稳定性有关的“实质性变量”；②与结构不稳定性无关的“非实质性变量”，并从而可略去第二类。

可能出现的灾变类型的数目不取决于状态变量的数目 n，而只取决于实质性状态变量的数目 r，即该数目 r 为 Hessen 矩阵的余秩数。显然，Hessen 矩阵的余秩数限定了函数 $f(x_1,x_2,\cdots,x_n)$退化方向的数目。

6.1.3 余维数

在立体解析几何中，一个方程代表一个曲面，在关于相对论的四维几何中，表示一个三维超曲面需要一个方程，表示一个二维曲面需要两个方程，而表示一条曲线需要三个方程。

余维数定义：表示一个集合对象所需的方程数目等于所在空间的维数与该集合对象的维数之差值。

需要同样数目方程描述且具有同样余维数的若干集合对象，均具有共同性质。例如，只有余维数为 1 的对象才能把 R^n 剖分成为两个不同部分。因此，一个点剖分一条线，一条线剖分一个面（一条简单的封闭曲线把一个面剖分成内部和外部），一个面剖分 R^3，而整个时空（如果认为其具有与 R^4 相同的总体拓扑）被一张宇宙的三维“快照”剖分成过去和未来，可以把这张“快照”看作一个超曲面 $t=t_0$。

重要性质：如果集合对象非发生非实质性坐标改变，则其余维数一般保持不变。

如图 6.3 所示的余维数性质简图中，对于三维空间中内有一条曲线，若忽略 z 坐标，并把的注意力局限于 $x-y$ 平面，则该条曲线变成一个单独的点 A，它是一个有不同的维数（0 而不是 1），但相同的余维数为 2 的对象。

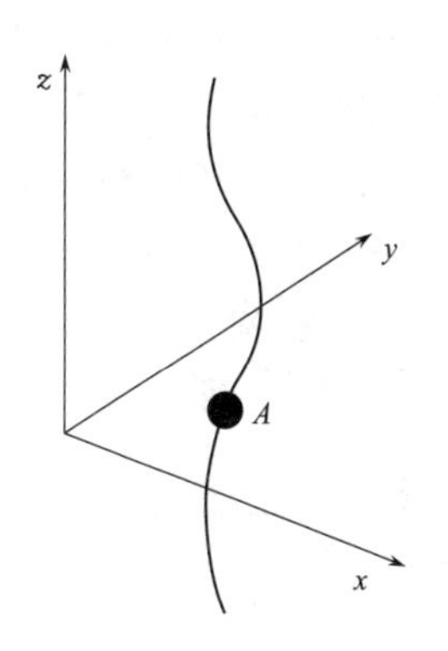

图 6.3　余维数性质简图

由此例可知，当降低问题的维数使其更容易被处理时，其余维数（与余秩数一样，但不要混淆二者）是一个合适的量值，而问题的真实维数（即状态变量的数目）可能是未知的。

推论 6.2：一般地，m 维对象的单参数连续族是 $m+1$ 维对象：一个点族是一条曲线，一个曲线族是一个曲面等。

推论 6.3：m 维对象的 r 参数连续族是一个 $m+r$ 维对象。

推论 6.4：余维数为 m 的对象的 r 参数族是一个余维数为 $m-r$ 的对象。

把 R^m 视为单一变量 x 的多项式的参数空间，该多项式的幂指数不超过 m，并在原点（0,0）有临界点。对于函数 f 而言，使 $f_{xx}=0$ 的参数值子集是余维数为 1 的集合对象，并可采用一个方程对其描述。使 $f_{xx}=f_{xxx}=0$ 的参数值的子集是余维数为 2 的集合对象，因为需要采用两个方程对其描述。因此，结构不稳定函数 x^3 和 x^4 分别需要一个和两个扩展参数。

对于单变量函数而言，除可通过改变 x 的原点（0,0）而消去的那一项以及可通过改变 f 的原点（0,0）而消去的常数项外，其他所有低次项都需要被保留。

对于 n 变量函数而言，函数结构不稳定和不能约化为少于 n 个变量的问题的条件则意味着 n 个变量的二次型恒为 0，即 Hessen 矩阵的秩恒为 0。①如果 $n=1$，则该条件为 $f_{xx}=0$，只需要一个方程，故余维数可以少到只有 1；②如果 $n=2$，则该条件为 $f_{xx}=f_{xy}=f_{yy}=0$，需要三个方程。由此可知，在两个方向退化的任何函数的余维数至少为 3，从而至少需要三个扩展参数。

推论 6.5：对于余秩数为 n 的函数而言，其最小余维数为 $n\times n$ 对称阵中独立元素的数目 $n(n+1)/2$。

6.1.4 常用的初等灾变类型

借助于光滑的势函数对动力学系统进行导出，托姆[14]采用拓扑学理论进行了相应的证明：可能出现性质不同的不连续构造的数目，并不取决于状态变量的数目（这可能很大），而取决于控制变量的数目（这可能很小），特别是变化在三维空间和一维时间的四个因子控制下的初等灾变类型，概括起来只有被称为表 6.1 所示的折迭型、尖点型、燕尾型、蝴蝶型、双曲型、椭圆型和抛物型七种性质不同的初等灾变类型，而且其中没有一种牵涉到两个以上的状态变量（对后者当然是指可能这样地选择一组 n 个状态变量，使得其中与不连续性有关的不多于两个）。在灾变模型中，势函数的所有临界点集合组成平衡曲面 M，通过对势函数求一阶导数（一阶偏导数），并令一阶导数（一阶偏导数）等于零，即可得到该平衡曲面方程。

表 6.1 性质不同的七种初等灾变类型

初等灾变类型	状态变量数	控制变量数	势 函 数	平衡曲面形式
折迭型	1	1	x^3+ux	$3x^2+u$
尖点型	1	2	x^4+ux^2+vx	$4x^3+2ux+v$
燕尾型	1	3	$x^5+ux^3+vx^2+wx$	$5x^4+3ux^2+2vx+w$
蝴蝶型	1	4	$x^6+tx^4+ux^3+vx^2+wx$	$6x^5+4tx^3+3ux^2+2vx+w$
双曲型	2	3	$x^3+y^3+wxy-ux-vy$	$x^2-y^2+2wx-u=0$ $-2xy+2wy+v=0$
椭圆型	2	3	$x^3/3-xy^2+w(x^2+y^2)-ux+vy$	$3x^2+wy-u=0$ $3y^2+wx-v=0$
抛物型	2	4	$y^4+x^2y+wx^2+ty^2-ux-vy$	$2xy+2wx-u=0$ $x^2+4y^3+2ty-v=0$

一般地，只有一个状态变量的尖点型灾变类型、燕尾型灾变类型和蝴蝶型灾变类型经常用于复杂动力学系统的灾变预报中。见表 6.2，基于微分同胚原

则，关于系统状态变量 x 的尖点型灾变类型、燕尾型灾变类型和蝴蝶型灾变类型的势函数 $f(x)$ 可改写为使尖点型灾变类型、燕尾型灾变类型和蝴蝶型灾变类型的平衡曲面方程无数字因子。

表 6.2　　常用初等灾变类型的分歧方程

初等灾变类型	改写后的势函数表达式	分　歧　方　程
尖点型	$x^4/4+ux^2/2+vx$	$u=-6x^2$，$v=8x^3$
燕尾型	$x^5/5+ux^3/3+vx^2/2+wx$	$u=-6x^2$，$v=8x^3$，$w=-3x^4$
蝴蝶型	$x^6/6+tx^4/4+ux^3/3+vx^2/2+wx$	$t=-10x^2$，$u=20x^3$，$v=-15x^4$，$w=4x^5$

系统状态变量 x 的系数 t、u、v、w 表示状态变量的控制变量，势函数中状态变量和控制变量是矛盾着的两个方面，诸控制变量之间又相互作用，系统所处的任意状态乃是状态变量与控制变量的统一，也是诸控制变量之间的相互作用的统一。灾变模型中，势函数 $f(x)$ 的所有临界点集合成一平衡曲面 M，通过对 $f(x)$ 求一阶导数，并令 $f'(x)=0$，即可得到该平衡曲面方程。平衡曲面的奇点集 S，可通过二阶导数 $f''(x)=0$ 求得。令 $f'(x)=0$ 和 $f''(x)=0$，可得到表 6.2 可反映状态变量与各控制变量间关系的分解形式的分歧方程 B。

以尖点型灾变模型为例说明灾变模型的灾变机制，其他六种灾变模型的灾变机制与尖点型灾变类似，只是控制变量的个数（维数）不同。

如图 6.4 所示，分歧集 B 是奇点集 S 在控制空间上的投影。

当控制变量 u、v 的关系符合 $8u^3+27v^2=0$（分歧方程关系）时，系统就会发生灾变。奇点集 S 是平衡曲面 M 上的一个尖点褶皱的两条折痕，折痕于控制空间上的投影就是分歧集 B 上的两条折痕线。平衡曲面上的每点都表示系统在 x、u、v 综合作用后的某个状态，可以把 M 分为三部分：①两条折痕所夹的部分称中叶；②中叶以上部分称上叶；③中叶以下部分称下叶。当 $u>0$，势函数呈光滑变化；当 $a<0$ 时，则在平衡曲面 M 上出现一个尖点形褶皱，正是在这里发生函数的非连续变化，即灾变。当势函数的值点处于折痕线上（u、v 符合分歧方程），系统的质变发生根本性灾变，势函数值从上叶直接向下叶突跳（越过中叶），或者从下叶直接向上叶突跳。上、下

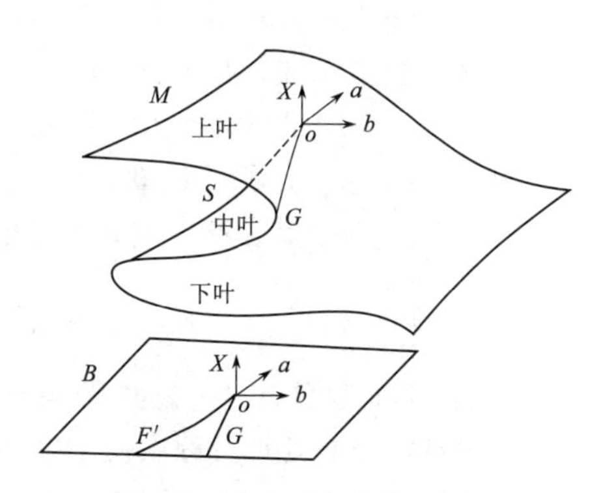

图 6.4　尖点型灾变模型形状

叶是稳定区，中叶是不稳定区，从评价角度看，可把上叶规定为系统某种质态的“肯定”（优良等级），下叶规定为它的“否定”（低劣等级）。

灾变现象可发生在折痕线上任意点，但各点灾变程度是不同的，这是质变中的量变现象；同在平衡曲面 M 的上叶或下叶上，不同的 x 值表示同一质态上的不同量值，x 值（绝对值）越大，则表明同一质态下量的程度越高，从风险预报角度看，x 值的大小表示对应于风险等级的“隶属度”。

6.2 自适应变尺度模糊最小二乘支持向量机模型构建

6.2.1 支持向量机模型

所谓机器学习领域中分类问题，就是根据 k 个独立同分布观测样本获得最优逆函数 $f^{-1}(y)$，采用 k 个独立同分布观测样本进行训练后通过最优逆函数 $f^{-1}(y)$ 能找出某样本以外的 y 所对应的 z。

对支持向量机（Support Vector Machine，SVM）分类问题而言，首先将 y 域用一个非线性变换 $y \to \phi(y)$，将支持向量机输入空间映射到一个高维的特征空间后将非线性问题转化为线性回归问题：

$$f(x)=[w\phi(x)]+b \quad \phi: R^n \to F, w \in F \tag{6.16}$$

式中：$\phi: R^n \to F$，ϕ 为 n 维实数空间（即 R^n 空间）到 F 空间的非线性映射；$x \in R^n$；w 为权重系数，且 $w \in F$；b 为阈值。

因此，在支持向量机分类处理过程中，高维特征空间线性回归，可避免在高维空间 w 和 $\phi(x)$ 点积的计算。由于 $\phi(x)$ 可固定不变，故影响 w 的有经验风险总和 R_{emp} 与使其在高维空间平坦的 $\| w \|^2$，则有

$$R(w)=\frac{1}{2}\| w \|^2+R_{\text{emp}}=\frac{1}{2}\| w \|^2+\sum_{i=1}^{l}\varepsilon[f(x_i)-y_i] \tag{6.17}$$

式中：l 为样本的数目；$\varepsilon(\cdot)$为损失函数。

支持向量机分类处理过程中通常采用的是 ε 不敏感区函数为

$$\varepsilon[f(x_i)-y_i]=\begin{cases}0, |f(x_i)-y_i|<\varepsilon \\ |f(x_i)-y_i|-\varepsilon, \text{其他}\end{cases} \tag{6.18}$$

根据统计学习理论的结构风险最小化准则，支持向量机（SVM）分类特征空间的维数很高（甚至无穷），且式（6.17）所示的分类目标函数不可微，故直接求解分类目标函数难度很大。为此，支持向量机（SVM）分类处理过程引入点积核函数 $K(x_i, x_j)$和利用 Wolfe 对偶技巧，避开分类目标函数直接求解，则支持向量机分类过程可表示为

$$\min\left\{\frac{1}{2}\| w \|^2+\sum_{i=1}^{l}\varepsilon[f(x_i)-y_i]\right\} \tag{6.19}$$

$$
\text{s. t.}\begin{cases} y_i - [w\phi(x_i)] - b \leqslant \varepsilon + \xi \\ [w\phi(x_i)] + b - y_i \leqslant \varepsilon + \xi^* \\ \xi, \xi^* \geqslant 0 \end{cases}
$$

建立拉格朗日（Langrange）方程为

$$
\begin{aligned} L(w,\xi_i,\xi_i^*) = & \frac{1}{2}\|w\|^2 + C\sum_{i=1}^{l}(\xi+\xi^*) - \\ & \sum_{i=1}^{l} a_i\{(\varepsilon+\xi_i) - y_i + [w\phi(x_i)] + b\} - \\ & \sum_{i=1}^{l} a_i^*\{(\varepsilon+\xi_i^*) + y_i - [w\phi(x_i)] - b\} - \\ & \sum_{i=1}^{l}(\lambda_i\xi_i + \lambda_i^*\xi_i^*) \end{aligned} \tag{6.20}
$$

要使式（6.20）取得最小值，对于参数 w、b、ξ 和 ξ^* 的偏导都应等于0，即

$$
\begin{cases} \dfrac{\partial l}{\partial w} = w - \sum\limits_{i=1}^{l}(a_i - a_i^*)\phi(x_i) = 0 \\ \dfrac{\partial l}{\partial b} = \sum\limits_{i=1}^{l}(a_i - a_i^*) = 0 \\ \dfrac{\partial l}{\partial \xi_i} = C - a_i - \lambda_i = 0 \\ \dfrac{\partial l}{\partial \xi_i^*} = C - a_i^* - \lambda_i^* = 0 \end{cases} \tag{6.21}
$$

代入式（6.21），可以解决对偶优化问题：

$$
\begin{aligned} \min \frac{1}{2}\sum_{i,j=1}^{l}(a_i - a_i^*)(a_j - a_j^*)[\phi(x_i)\phi(x_j)] + \\ \sum_{i=1}^{l} a_i(\varepsilon - y_i) + \sum_{i=1}^{l} a_i^*(\varepsilon + y_i) \end{aligned} \tag{6.22}
$$

$$
\text{s. t.}\begin{cases} \sum\limits_{i=1}^{l}(a_i - a_i^*) = 0 \\ a_i,\ a_i^* \in [0,\ c] \end{cases}
$$

由此，支持向量机（SVM）分类问题就可以归结为式（6.22）所示的二次规划问题。求解该二次规划问题，可以得到用数据点表示的 w 为

$$
w = \sum_{i=1}^{l}(\alpha_i - \alpha_i^*)\phi(x_i) \tag{6.23}
$$

式中：α_i 和 α_i^* 为最小化 $R(w)$ 的解。

由式（6.16）和式（6.23），$f(x)$ 可表示为

$$f(x)=\sum_{i=1}^{l}(\alpha_i-\alpha_i^*)\,[\phi(x_i)\phi(x)]+b$$
$$=\sum_{i=1}^{l}(\alpha_i-\alpha_i^*)k(x_i,x)+b \tag{6.24}$$

式中：$K(x_i,x)$ 为核函数，$K(x_i,x)=(x_i)\phi(x)$。

6.2.2 模糊最小二乘支持向量机模型

基于模糊最小二乘支持向量机（Fuzzy Least Squares Support Vector Machine，FLS-SVM），地下金属矿山采场围岩稳定性预测模型的输入的模糊样本为

$$[x_1,y_1,\mu(x_1)],\ [x_2,y_2,\mu(x_2)],\cdots,$$
$$[x_l,y_l,\mu(x_l)]\quad (i=1,2,\cdots,l)$$

式中：$\mu(x_i)$ 为隶属度，$0<\mu(x_i)\leqslant 1$。

在非线性情况下引入变换 ϕ：$R_n\rightarrow w$，将样本子集 x_i 从输入空间 R_n 映射到一个高维特征空间向量 w，构建函数 $\phi(x_i)$，则 FLS-SVM 的最优分类面目标函数的最优解为

$$\min J(w,\xi)=\frac{1}{2}w^Tw+\frac{C}{2}\sum_{i-1}^{l}\mu(x_i)\varepsilon_i^2 \tag{6.25}$$

$$\text{s.t.}\quad y_i=w^T\phi(x_i)+b+\varepsilon_i,\quad \varepsilon_i>0\quad (i=1,2,\cdots,l)$$

式中：w^T 为 w 的转置矩阵；ε_i 为松弛变量；C 为正则化参数。

相应的拉格朗日函数为

$$L=J-\sum_{i=1}^{l}a_i[w^T\phi(x_i)+\varepsilon_i+b-y_i]\quad (i=1,2,\cdots,l) \tag{6.26}$$

式中；a_i 为拉格朗日系数。

则模糊最小二乘支持向量机优化问题转化为求解线性方程为

$$\begin{bmatrix}0 & E^T\\ E & \Omega+C\mu(x_i)^{-1}l\end{bmatrix}\begin{bmatrix}b\\ a\end{bmatrix}=\begin{bmatrix}0\\ y\end{bmatrix} \tag{6.27}$$

其中，$y=[y_1,y_2,\cdots,y_l]^T$；$E=[1,1,\cdots,l]^T$；$a=[a_1,a_2,\cdots,a_l]^T$；$\Omega_{ij}=\phi(x_i)\phi(x_j)=K(x_i,x_j)$。

如图 6.5 所示，模糊最小二乘支持向量机模型可表示为

$$y(x)=\sum_{i=1}^{l}a_iK(x_i,x)+b \tag{6.28}$$

式中：$x=[x_1,x_2,\cdots,x_l]$；$K(x_i,\boldsymbol{x})=\exp\left(-\frac{|x_i-\boldsymbol{x}|^2}{\sigma^2}\right)$，$\sigma$ 为核参数。

应用模糊最小二乘支持向量机模型进行预测或分类辨识时，惩罚因子C 和

核参数σ的优化是一个十分重要的问题。

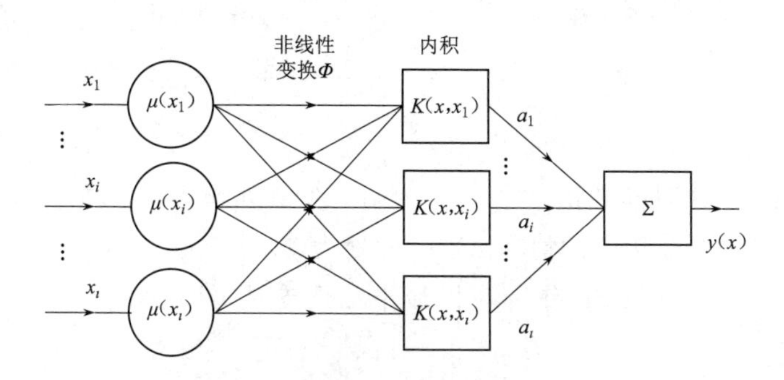

图 6.5　模糊最小二乘支持向量机模型

6.2.3　模糊最小二乘支持向量机隶属度确定

与传统支持向量机（Support Vector Machines，SVM）相比，模糊最小二乘支持向量机的隶属度确定显得十分重要。因此，如何有效构造模糊隶属度函数，是基于声发射信号的地下金属矿山采场围岩失稳灾变预警分析的关键前提。

为此，采用基于线性距离方法进行隶属度函数构造，其主要思想为：将隶属度看作是特征空间中样本点到类中心距离的线性函数，并基于样本到类中心之间的距离来量度其隶属度的大小，距离越近则隶属度越大。

对于样本集$\{x_1,x_2,\cdots,x_i,\cdots,x_n\}$，设$x_0$为类中心点，$n$维空间中$x_i$与$x_0$两点之间的最大欧氏距离为类半径$r$，则

$$x_0=\frac{1}{n}\sum_{i=1}^{n}x_i \tag{6.29}$$

$$r=\max_{x_i}\|x_0-x_i\| \tag{6.30}$$

则第i个样本的隶属度函数可以表示为

$$\mu(x_i)=1-\frac{\|x_i-x_0\|}{r+\delta} \tag{6.31}$$

式（6.31）中δ大于0为一个很小的正数，这可避免样本集的类半径出现0的情况。

6.2.4　自适应遗传算法优化模糊最小二乘支持向量机模型参数

应用模糊最小二乘支持向量机模型对复杂系统进行预警预测、分类辨识和异常诊断时，正则化参数C和核参数σ的选择是一个重要问题，正则化参数C和核参数σ的优化与否会在很大程度上影响模糊最小二乘支持向量机模型的输出精度。为此，采用自适应遗传算法优化模糊最小二乘支持向量机模

型参数。

令自适应遗传算法适应度函数为

$$f(C,\sigma)=\frac{1}{\sum_{i=1}^{n}[y_i-f(x_i)]^2+e} \tag{6.32}$$

式中：y_i 为第 i 个期望输出；$f(x_i)$ 为第 i 个实际输出；e 为一很小的正数，其作用是为防止分母为 0 的情况出现，此处为 10^{-4}。

并定义误差函数 MSE 作为模糊最小二乘支持向量机泛化性能的评价指标为

$$\mathrm{MSE}=\frac{1}{M}\sum_{i=1}^{m}[f(x_i)-y_i]^2 \tag{6.33}$$

初始交叉概率与初始变异概率可由式（6.34）和式（6.35）表示为

$$P_c^1=\begin{cases}0.85-0.25(f_1-f_{avg})/(f_{max}-f_{avg}), & f\geqslant f_{avg}\\ 0.85, & \text{else}\end{cases} \tag{6.34}$$

$$P_m^1=\begin{cases}0.15-0.1(f_{max}-f)/(f_{max}-f_{avg}), & f\geqslant f_{avg}\\ 0.15, & \text{else}\end{cases} \tag{6.35}$$

式中：f_1 为交叉两个体较大的适应度函数值；f 为个体对应的适应度函数大小；f_{avg} 为样本的平均适应度；f_{max} 为样本个体的最大适应度。交叉概率与变异概率随着进化代数而变化，其规律为

$$P_c^t=\begin{cases}0.85\times\sqrt{1-(t_0/t_{max})^2} & P_c^{t_0}<0.7\\ 0.7 & \text{else}\end{cases} \tag{6.36}$$

$$P_m^t=\begin{cases}0.15\times e^{(-\lambda t_0/t_{max})} & P_m^{t_0}<0.002\\ 0.002 & \text{else}\end{cases} \tag{6.37}$$

式中：t_0 为遗传代数；t_{max} 为终止代数；λ 为常数，此处选 10。

选取惩罚因子的取值范围为 [1,100]，核参数的取值范围为 [0.15, 1]，设置自适应遗传优化过程种群数目 $N_{ind}=30$，待优化的参数量即变量的维数 $N_{var}=3$；设置最大遗传代数 $M_{axgen}=350$；设置每个变量的二进制位数 $P_{reci}=20$。对初始变量赋值，即对 30×3×20 个二进制码赋予 0 或者 1 的值。

6.2.5　基于 IFLS-SVM 的地下金属矿山振动凿岩岩石固有频率软测量实例

1. 地下金属矿山振动凿岩岩石固有频率软测量模型

根据地下金属矿山振动凿岩动力学特征和振动机理可知，地下金属矿山振动凿岩过程中钻头在超声波作用下往复振动凿岩，岩石-钻头相互作用所组成

的系统可简化为如图 6.6 所示的单自由度系统模型，其中 m_r 为地下金属矿山振动凿岩机振动部分的等价质量，kg；m_s 为钻头质量，kg；k 为岩石等效弹簧刚度，N/m；c_s 为岩石等效阻尼系数。

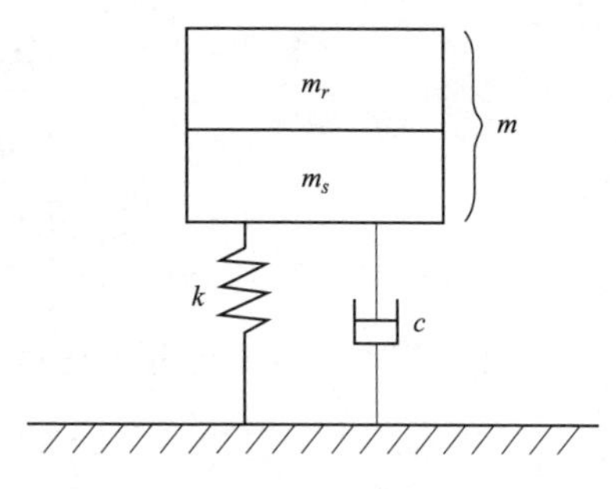

图 6.6 地下金属矿山振动凿岩钻头-岩石单自由度模型

地下金属矿山振动凿岩钻头-岩石单自由度系统是一个以激振力 $F(\tau)$ 为输入，以位移 y 为输出的单自由度系统，其微分方程为

$$m\frac{\mathrm{d}^2y}{\mathrm{d}\tau}+c\frac{\mathrm{d}y}{\mathrm{d}\tau}+ky=F(\tau) \tag{6.38}$$

式中：τ 为时间，s；$m=m_r+m_s$。

以很小的采样周期 τ_0 对地下金属矿山振动凿岩钻头-岩石单自由度系统进行采样，可有

$$\left.\frac{\mathrm{d}x}{\mathrm{d}\tau}\right|_{n\tau_0}=\frac{x(n\tau_0)-x(n\tau_0-1)}{\tau_0} \tag{6.39}$$

$$\left.\frac{\mathrm{d}^2y}{\mathrm{d}\tau_0^2}\right|_{nT}=\frac{\mathrm{d}}{\mathrm{d}\tau}\left(\frac{\mathrm{d}x}{\mathrm{d}\tau}\right)=\frac{y(n\tau_0)-2y(n\tau_0-1)+y(n\tau_0-2)}{\tau_0^2} \tag{6.40}$$

将式（6.39）和式（6.40）代入式（6.38），可得

$$\left(\frac{m}{\tau_0^2}+\frac{c}{\tau_0}+k\right)y(n\tau_0)-\left(\frac{2m}{\tau_0^2}+\frac{c}{T}\right)y(n\tau_0-1)+\frac{m}{\tau_0^2}y(n\tau_0-2)=F(n\tau_0) \tag{6.41}$$

令

$$\alpha=-\frac{2m/\tau_0^2+c/\tau_0}{m/\tau_0^2+c/\tau_0+k}$$

$$\beta=\frac{m/\tau_0^2}{m/\tau_0^2+c/\tau_0+k}$$

$$\varepsilon=\frac{1}{m/\tau_0^2+c/\tau_0+k}$$

把式（6.41）中 $y(n\tau_0)$、$y(n\tau_0-1)$、$y(n\tau_0-2)$以及 $f(n\tau_0)$ 中的 τ_0 省去，则地下金属矿山振动凿岩钻头-岩石单自由度模型差分方程可描述为

$$y(n)+\alpha y(n-1)+\beta y(n-2)=\varepsilon F(n) \tag{6.42}$$

式中，参数 α、β 和 ε 的值与采样周期 τ_0 有关。

若通过辨识可获得 α、β 和 ε 的值，则地下金属矿山振动凿岩岩石参数可表示为

$$\begin{cases} m=\dfrac{\beta}{\varepsilon}\tau_0^2 \\ c=-\dfrac{\alpha+2\beta}{\varepsilon}\tau_0 \\ k=\dfrac{1+\alpha+\beta}{\varepsilon} \end{cases} \tag{6.43}$$

则地下金属矿山振动凿岩过程共振时的岩石的固有频率 f_y 可表示为

$$f_y=\sqrt{\frac{1+\alpha+\beta}{\beta}}\frac{1}{2\pi\tau_0} \tag{6.44}$$

在地下金属矿山振动凿岩岩石固有频率软测量中，可把各种随机因素干扰折算到如图 6.7 所示的地下金属矿山振动凿岩钻头-岩石单自由度随机模型输出端，集中成为噪声 $\psi(n)$。

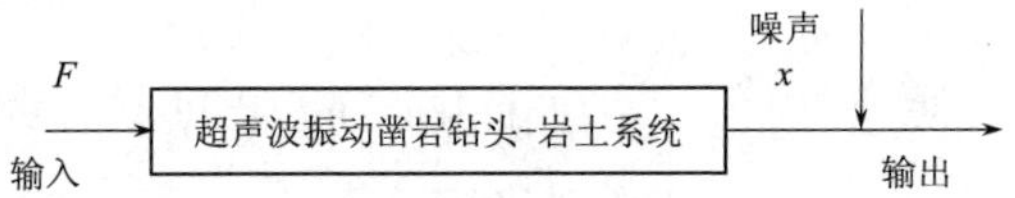

噪声
x
F
输入
超声波振动凿岩钻头-岩土系统
输出

图 6.7　地下金属矿山振动凿岩钻头-岩石单自由度随机模型

于是地下金属矿山振动凿岩钻头-岩石单自由度随机模型可表示为

$$y(n)+\alpha y(n-1)+\beta y(n-2)=\varepsilon F(n)+\psi(n) \tag{6.45}$$

2. 地下金属矿山振动凿岩岩石固有频率软测量实现

采用提出的改进 EMD 方法对信号进行去噪处理后，式（6.45）所示的地下金属矿山振动凿岩钻头-岩石单自由度随机模型，可简化为式（6.42）所示的地下金属矿山振动凿岩钻头-岩石单自由度模型，可采用如式（6.46）所示的通用差分方程表示为

$$y(n)=-\alpha y(n-1)-\beta y(n-2)+\varepsilon F(n) \tag{6.46}$$

地下金属矿山振动凿岩岩石固有频率软测量，是利用 FLS - SVM 方法，从地下金属矿山振动凿岩钻头-岩石单自由度系统输入输出变化的数据序列中，辨识出对象的数学模型，即以 $y(n-1)$、$y(n-2)$ 和 $F(n)$ 为 FLS - SVM 输入训练向量$\{x_1, x_2, x_3\}$，$y(n)$ 为 FLS - SVM 的输出训练向量，使得辨识模型的输出 $y'(n)$ 和被辨识系统的输出 $y(n)$ 尽量接近，即保持 $y(n)$ 与 $y'(n)$ 之差 $e(n)$，即 $e(n)=y(n)-y'(n)$尽量小，如图 6.8 所示。

根据地下金属矿山振动凿岩机凿岩过程的实际情况，取一组硬砂土典型数据 $\alpha=-2.747\times10^{-7}$，$\beta=4.374\times10^{-9}$，$\varepsilon=2.709\times10^{-7}$ 以及 $F(n)=62\pi\cos(4\times10^4\pi n)$，以 $y(n-1)$、$y(n-2)$ 和 $F(n)$ 为 FLS - SVM 输入训练向量，$y(n)$ 为 FLS - SVM 输出训练向量，得到包含以下样本的数据集：①300个样本，150 个作为训练样本，150 个作为测试样本；②200 个样本，100 个作为训练样本，100 个作为测试样本。

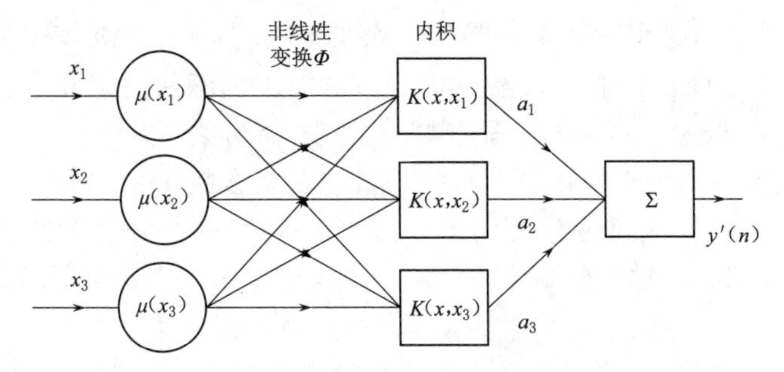

图 6.8 地下金属矿山振动凿岩岩石固有频率软测量模型

图 6.9 为自适应遗传算法优化迭代 200 步后得到的 30 个种群个体分别对

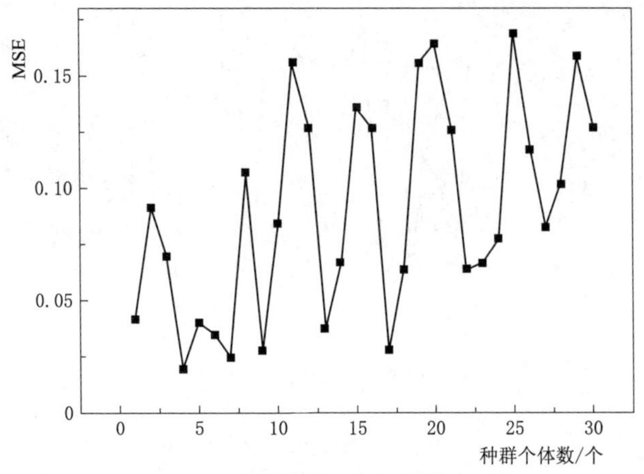

(a) 训练样本150个，测试样本150个

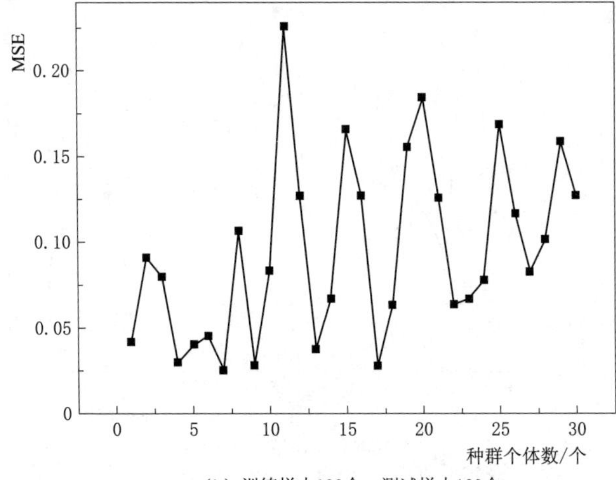

(b) 训练样本100个，测试样本100个

图 6.9 迭代 200 步种群对应误差

应的误差。对于训练和测试样本各 100 个的地下金属矿山振动凿岩岩石固有频率软测量仿真过程，其平均误差为 0.1132，对于训练和测试样本各 150 个的地下金属矿山振动凿岩岩石固有频率软测量仿真过程，其平均误差为 0.08543，最终得到的正则化参数 $C=57.3$ 以及核参数 $\sigma=0.813$。

图 6.10 为自适应遗传算法优化迭代 350 步后 30 个种群个体所对应的误差。对于训练和测试样本各 100 个的地下金属矿山振动凿岩岩石固有频率软测量仿真过程，所对应的平均误差为 0.00673，最小误差为约 0.00185。对于训练和测试样本各 100 个的地下金属矿山振动凿岩岩石固有频率软测量仿真过程，所对应的平均误差为 0.006283，最小误差为约 0.001733，最终得到正则

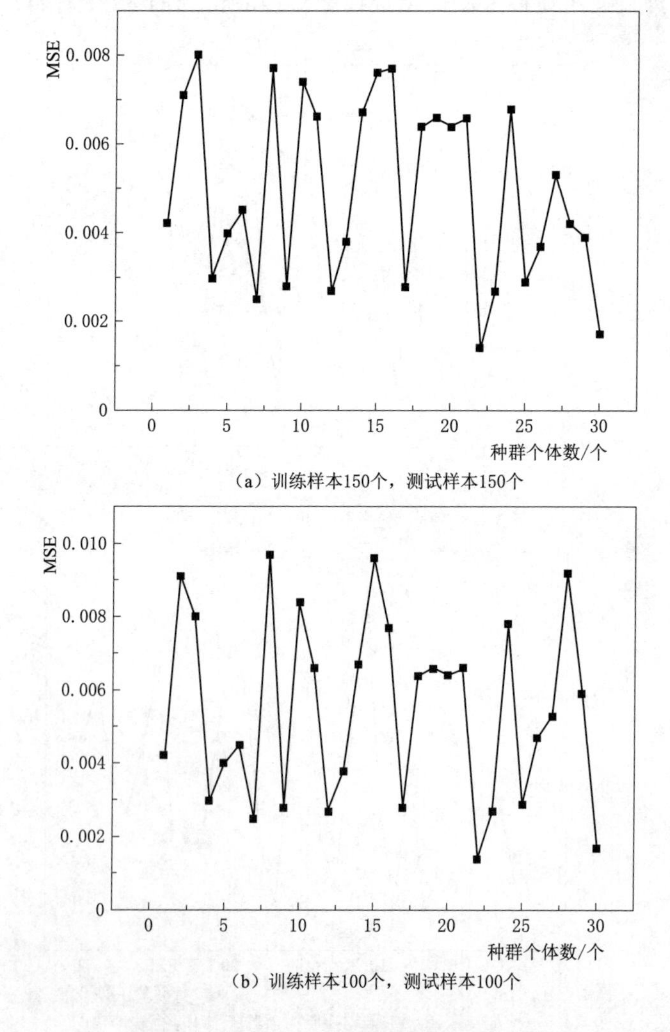

图 6.10　迭代 350 步种群对应误差

化参数 $C=57.6$ 以及核参数 $\sigma=0.798$。

地下金属矿山振动凿岩岩石固有频率软测量模型测试误差如图 6.11 所示，图 6.11 表明，FLS - SVM 的泛化能力是很强的，对于包含训练样本 150 个、测试样本 150 个的测试过程来说，其所得的最大测试误差为 0.13mm(此时相对误差约为 1.01%)，而对于包含训练样本 100 个、测试样本 100 个的测试过程来说，其最大测试误差是－0.15mm(此时相对误差约为－1.11%)。可见过多的数据样本对于基于 FLS - SVM 的地下金属矿山振动凿岩岩石固有频率软

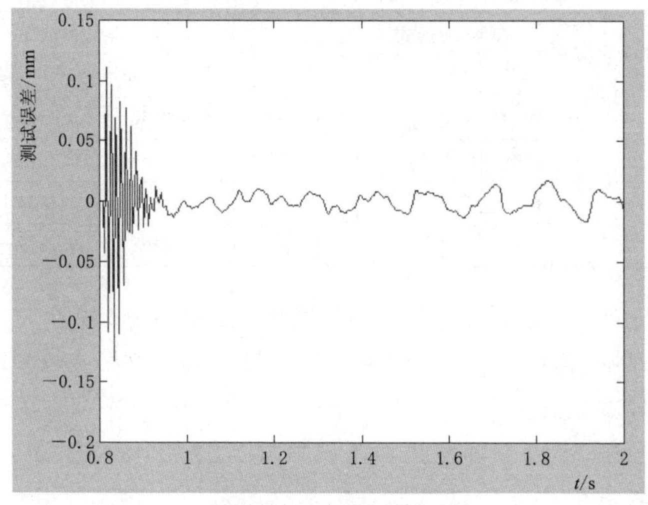

(a) 训练样本150个，测试样本150个

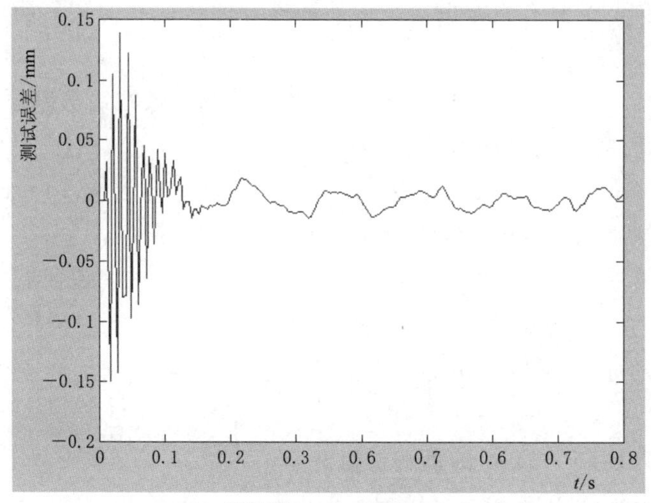

(b) 训练样本100个，测试样本100个

图 6.11 测试集误差曲线

测量收益不明显。

分别采用最小二乘支持向量机（Least Square Support Vector Machines，LS-SVM)、改进模糊最小二乘支持向量机（Improved Fuzzy Least Square Support Vector Machines，IFLS-SVM）和模糊神经网络（Fuzzy Neural Network，FNN）对地下金属矿山振动凿岩岩石固有频率进行辨识，得到地下金属矿山振动凿岩岩石参数软测量结果见表6.3。

表6.3　　地下金属矿山振动凿岩岩石参数软测量结果对比

获取指标参数方式	训练集和测试集各100个			训练集和测试集各150个		
	α	β	ε	α	β	ε
原系统	−0.2373	0.1187	0.0077	−0.2373	0.1187	0.0077
LS-SVM	−0.2358	0.1162	0.0064	−0.2364	0.1170	0.0069
IFLS-SVM	−0.2369	0.1178	0.0071	−0.2372	0.1186	0.0076
FNN	−0.2365	0.1167	0.0065	−0.2368	0.1179	0.0073

从表6.3可以看出，在训练集和测试集样本数各为100个时，LS-SVM和FNN辨识的指标参数值与原系统测试的指标参数值相差较大，而在训练集和测试集样本数各为150个时，LS-SVM和FNN辨识的参数精度提高较大；而IFLS-SVM在训练集和测试集样本数为100和150时进行辨识得到的指标参数值都比较接近原系统指标参数值，这说明IFLS-SVM比LS-SVM和FNN具有更小的辨识误差和更好的辨识能力，更能适合于动态系统的辨识。

采用基于LS-SVM的振动掘削土壤固有频率参数在线辨识方法对硬砂土振动凿岩过程的参数软测量为：$\alpha=-0.2370$，$\beta=0.1185$，$\varepsilon=0.0076$，则$k=998$kN/m，$m=15.5$kg，可得该硬砂土固有频率$f=40.3849$Hz。采用共振柱实验法测得的该硬砂土固有频率为$f=40.84$Hz。

可见，基于IFLS-SVM的地下金属矿山振动凿岩岩石固有频率参数软测量值已经很接近试验所测得的固有频率（误差为1.11%）。故基于IFLS-SVM的地下金属矿山振动凿岩岩石固有频率软测量结果具有很高的精度。

6.2.6 基于IFLS-SVM的预测仿真分析

以三维非线性函数$y=[1.0-(z_1)^{1/2}+(z_2)^{-1}+(z_3)^{-1.5}]^2$为例，采用IFLS-SVM方法对其进行仿真分析。使输入z_1、z_2和z_3的取值区间均为[1,5]，在此区间内产生图6.12所示的100个数据对，其中50个数据对作为训练数据对，50 个数据对作为测试数据对。以 z_1、z_2 和 z_3 作为 Yan 等[18]的预测方法、Nieto 等[19]的预测方法和 IFLS-SVM 的预测模型的输入参数，以非线性函数值 y 作为 Yan 等的预测方法、Nieto 等的预测方法和 IFLS-SVM 的预测模型的输出参数，对比研究以上三种预测模型的预测精度。

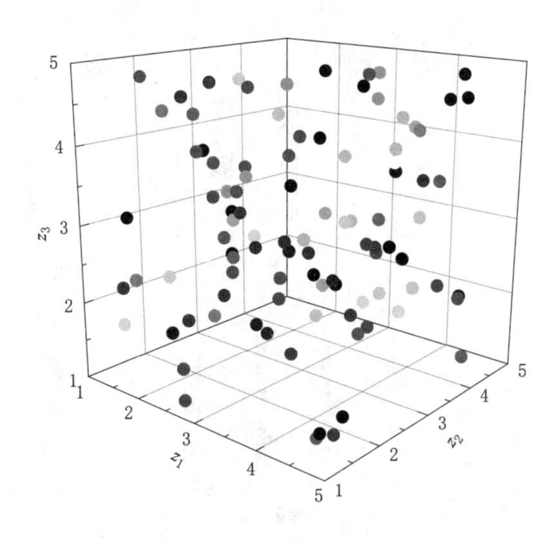

图 6.12 仿真分析数据

分别采用 Yan 等的预测方法、Nieto 等的预测方法和基于 IFLS-SVM 的预测方法对前 50 个测试数据对进行相应训练，训练结束后其计算值与实际值的相对误差 η 如图 6.13 所示。

图 6.13 表明，Yan 等的预测方法的相对误差 η 在 −5.234%～5.315%范围内波动，Nieto 等的预测方法的相对误差 η 在 −3.298%～3.485%范围内波动，基于 IFLS-SVM 的预测方法的相对误差 η 在 −1.913%～1.972%范围内波动。显然，与其他两种预测方法相比，基于 IFLS-SVM 的预测方法相对于前 50 个训练数据的训练精度较高。

分别采用 Yan 等的预测方法、Nieto 等的预测方法和基于 IFLS-SVM 的预测方法对后 50 个测试数据对进行相应测试，其预测值与实际值的相对误差 η 如图 6.14 所示。图 6.14 表明，Yan 等的预测方法的相对误差 η 在 −5.464%～5.756%范围内波动，Nieto 等的预测方法的相对误差 η 在 −3.325%～3.534%范围内波动，基于 IFLS-SVM 的预测方法的相对误差 η 在 −1.926%～1.948%范围内波动。显然，与其他两种预测方法相比，基于 IFLS-SVM 的预测方法的对后 50 个测试数据的测试精度较高，具有较强的泛化能力。

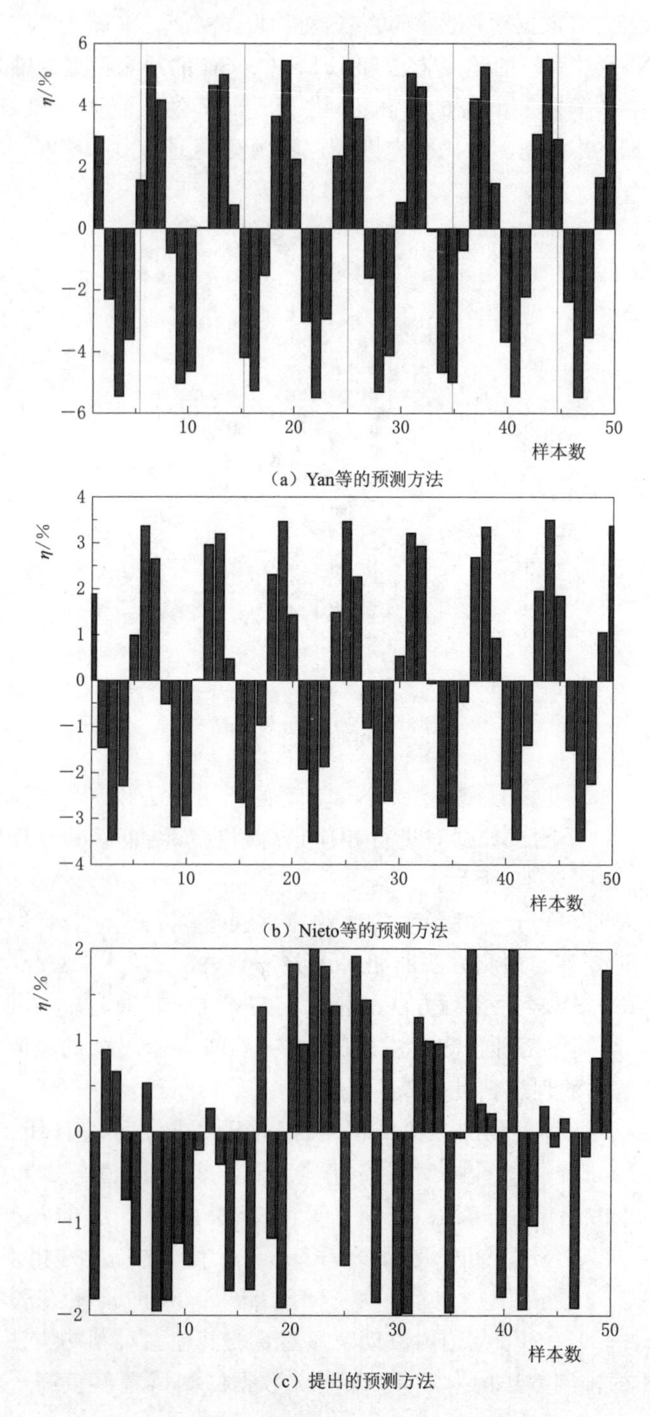

(a) Yan等的预测方法

(b) Nieto等的预测方法

(c) 提出的预测方法

图 6.13 计算值与实际值的相对误差

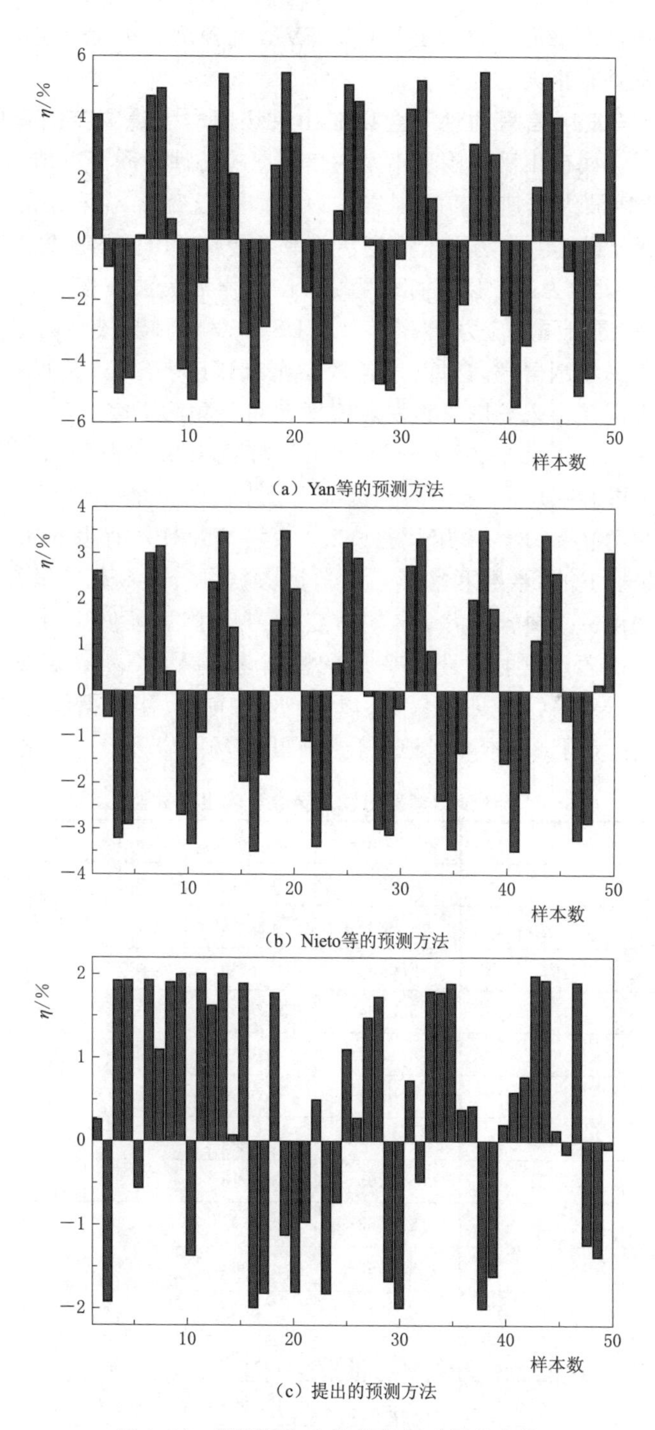

（a）Yan等的预测方法

（b）Nieto等的预测方法

（c）提出的预测方法

图 6.14 预测值与实际值的相对误差比较

综上所述，本书提出的基于 IFLS－SVM 的预测方法无论在精度上，还是泛化能力上都具有很大的优势。

6.2.7 基于声发射信号的地下金属矿山采场围岩失稳灾变预警分析

根据地下金属矿山采场围岩声发射信号影响特性关联分析结果可知，锚杆应力 σ、围岩声波纵波速度 u、围岩应力 p、围岩变形 s_0 和围岩强度应力比 π 对反映地下金属矿山采场围岩稳定性的地下金属矿山采场围岩声发射信号能率 E 的影响较大。为此，以锚杆应力 σ、围岩声波纵波速度 u、围岩应力 p、围岩变形 s_0 和围岩强度应力比 π 作为 IFLS－SVM 预测模型的输入参数，把地下金属矿山采场围岩声发射信号能率 E 作为 IFLS－SVM 预测模型的输出参数，对地下金属矿山采场围岩声发射信号 E 进行预测研究。

令 x_1、x_2、x_3、x_4 和 x_5 分别表示锚杆应力 σ、围岩声波纵波速度 u、围岩应力 p、围岩变形 s_0 和围岩强度应力比 π，令 y 表示地下金属矿山采场围岩声发射信号能率 E，采用式（6.29）～式（6.31）对表 6.4 中的 IFLS－SVM 预测模型的输入参数和输出参数监测数据进行模糊化，锚杆应力 σ、围岩声波纵波速度 u、围岩应力 p、围岩变形 s_0 和围岩强度应力比 π 以及地下金属矿山采场围岩声发射信号能率 E 的模糊化结果 $\mu(x_1)$、$\mu(x_2)$、$\mu(x_3)$、$\mu(x_4)$、$\mu(x_5)$ 和 $\mu(y)$ 见表 6.5。以表 6.5 中前 30 组数据作为训练样本集，后 30 组数据作为测试样本，对地下金属矿山采场围岩失稳进行预警分析。

表 6.4　　IFLS－SVM 预测模型的输入参数和输出参数监测数据

数据编号	$E/(10^3 mV^3/s)$	$u/$ (km/s)	s_0/mm	σ/kN	p/MPa	π
1	3.156	4.3917	0.0443	0.586	29.45	5
2	1.213	4.8235	0.0565	0.684	30.53	5
3	4.224	5.0105	0.0489	0.793	31.45	5
4	2.337	5.2404	0.0408	0.824	28.39	5
5	3.646	5.1231	0.0530	0.957	29.56	4
6	4.723	4.9911	0.0455	1.125	30.57	4
7	2.478	5.1692	0.0582	1.379	31.89	4
8	2.632	5.3205	0.0548	1.699	32.45	4
9	3.364	5.2863	0.0532	1.788	31.13	5
10	2.388	5.3068	0.0564	1.853	32.45	5
11	3.269	5.2535	0.0599	1.923	33.67	5
12	3.273	5.2372	0.0628	1.866	32.76	5
13	2.584	5.3098	0.0562	1.857	34.56	6
14	3.358	5.1335	0.0499	1.838	31.28	6

续表

数据编号	$E/(10^3 mV^3/s)$	$u/$ (km/s)	s_0/mm	σ/kN	p/MPa	π
15	4.132	5.1394	0.0528	1.968	32.12	6
16	2.823	4.9998	0.0462	1.966	33.86	6
17	2.725	5.1496	0.0593	1.963	30.27	5
18	3.142	5.1630	0.0427	2.023	29.48	6
19	2.453	5.2788	0.0447	2.176	30.35	6
20	3.478	5.2491	0.0562	2.345	32.67	6
21	3.437	5.1645	0.0615	2.487	33.87	5
22	3.896	5.1365	0.0679	2.655	34.52	6
23	3.953	5.1481	0.0743	2.776	33.45	5
24	4.132	5.2952	0.0625	2.898	33.58	5
25	4.258	5.2863	0.0748	3.123	31.78	5
26	4.523	5.2091	0.0724	3.341	32.25	5
27	3.265	4.3533	0.0434	0.568	29.42	6
28	2.231	4.7967	0.0656	0.678	30.58	5
29	4.544	5.1853	0.0542	0.739	31.42	4
30	2.733	5.2535	0.0483	0.842	28.32	5
31	3.664	4.9733	0.0533	0.975	29.65	5
32	4.273	4.8932	0.0535	1.085	30.75	5
33	2.743	5.0355	0.0657	1.297	31.34	5
34	2.365	5.3086	0.0584	1.587	32.54	5
35	3.634	5.3321	0.0627	1.878	31.41	4
36	2.573	5.1928	0.0654	1.892	32.54	5
37	3.622	5.0102	0.0623	1.946	33.76	5
38	3.437	5.2922	0.0663	1.838	32.58	6
39	3.259	5.1350	0.0655	1.875	34.65	5
40	3.385	5.1496	0.0574	1.883	32.82	6
41	3.998	5.2297	0.0513	1.943	32.01	5
42	3.253	5.1481	0.0503	1.923	33.68	5
43	2.952	5.2193	0.0568	1.974	31.72	5
44	3.214	5.0296	0.0472	1.962	29.84	5
45	2.735	5.1171	0.0465	2.267	30.53	6
46	3.846	5.3113	0.0656	2.534	32.76	5

续表

数据编号	$E/(10^3 mV^3/s)$	$u/$ (km/s)	s_0/mm	σ/kN	p/MPa	π
47	3.743	5.0311	0.0642	2.478	33.73	5
48	3.986	5.2848	0.0769	2.565	34.46	5
49	3.563	5.166	0.0734	2.767	33.54	4
50	3.923	5.2818	0.0652	2.867	33.85	6
51	4.523	4.9822	0.0756	3.132	31.66	6
52	4.465	5.3381	0.0854	3.378	32.83	5
53	2.543	5.3024	0.0462	2.167	30.42	5
54	2.287	5.1409	0.0536	2.243	29.76	4
55	3.344	5.0251	0.0751	2.748	32.78	5
56	3.769	5.2238	0.0769	2.565	34.28	5
57	3.998	5.0725	0.0787	2.867	33.73	5
58	4.213	5.2625	0.0642	2.984	32.85	6
59	4.358	5.2907	0.0738	3.133	31.88	5
60	4.265	5.2208	0.0822	3.441	32.67	5

表 6.5　IFLS-SVM预测模型的输入参数和输出参数监测数据模糊化

序号	$\mu(y)$	$\mu(x_1)$	$\mu(x_2)$	$\mu(x_3)$	$\mu(x_4)$	$\mu(x_5)$
1	0.8913	0.6136	0.8699	0.0771	0.3267	0.9041
2	0.0436	0.7877	0.9724	0.1411	0.6135	0.9041
3	0.6427	0.8631	0.9086	0.2123	0.8579	0.9041
4	0.5340	0.9558	0.8405	0.2326	0.0452	0.9041
5	0.8949	0.9085	0.9430	0.3195	0.3559	0.0822
6	0.4250	0.8553	0.8800	0.4293	0.6242	0.0822
7	0.5955	0.9271	0.9867	0.5952	0.9748	0.0822
8	0.6627	0.9881	0.9581	0.8043	0.8765	0.0822
9	0.9821	0.9743	0.9447	0.8624	0.7729	0.9041
10	0.5563	0.9826	0.9716	0.9049	0.8765	0.9041
11	0.9406	0.9611	0.9990	0.9506	0.5525	0.9041
12	0.9424	0.9545	0.9746	0.9134	0.7942	0.9041
13	0.6418	0.9838	0.9699	0.9075	0.3161	0.2740
14	0.9795	0.9127	0.9170	0.8951	0.8127	0.2740
15	0.6828	0.9151	0.9413	0.9800	0.9641	0.2740

续表

序号	$\mu(y)$	$\mu(x_1)$	$\mu(x_2)$	$\mu(x_3)$	$\mu(x_4)$	$\mu(x_5)$
16	0.7461	0.8588	0.8859	0.9787	0.5020	0.2740
17	0.7033	0.9192	0.9960	0.9768	0.5445	0.9041
18	0.8852	0.9246	0.8564	0.9840	0.3347	0.2740
19	0.5846	0.9713	0.8733	0.8841	0.5657	0.2740
20	0.9682	0.9593	0.9699	0.7737	0.8181	0.2740
21	0.9861	0.9252	0.9855	0.6809	0.4993	0.9041
22	0.7858	0.9139	0.9318	0.5711	0.3267	0.2740
23	0.7609	0.9186	0.8780	0.4921	0.6109	0.9041
24	0.6828	0.9779	0.9771	0.4124	0.5764	0.9041
25	0.6279	0.9743	0.8738	0.2653	0.9456	0.9041
26	0.5122	0.9432	0.8939	0.1229	0.9296	0.9041
27	0.9389	0.5981	0.8623	0.0653	0.3187	0.2740
28	0.4878	0.7769	0.9511	0.1372	0.6268	0.9041
29	0.5031	0.9336	0.9531	0.1771	0.8499	0.0822
30	0.7068	0.9611	0.9035	0.2444	0.0266	0.9041
31	0.8870	0.8481	0.9455	0.3312	0.3798	0.9041
32	0.6213	0.8158	0.9472	0.4031	0.6720	0.9041
33	0.7112	0.8732	0.9502	0.5416	0.8287	0.9041
34	0.5462	0.9833	0.9884	0.7311	0.8526	0.9041
35	0.9001	0.9928	0.9755	0.9212	0.8473	0.0822
36	0.6370	0.9366	0.9528	0.9304	0.8526	0.9041
37	0.9053	0.863	0.9788	0.9657	0.5286	0.9041
38	0.9861	0.9767	0.9452	0.8951	0.8420	0.2740
39	0.9363	0.9133	0.9519	0.9193	0.2922	0.9041
40	0.9913	0.9192	0.9800	0.9245	0.7782	0.2740
41	0.7413	0.9515	0.9287	0.9637	0.9934	0.9041
42	0.9337	0.9186	0.9203	0.9506	0.5498	0.9041
43	0.8023	0.9473	0.9750	0.9839	0.9296	0.9041
44	0.9166	0.8708	0.8943	0.9761	0.4303	0.9041
45	0.7077	0.9061	0.8884	0.8246	0.6135	0.2740
46	0.8076	0.9844	0.9511	0.6502	0.7942	0.9041
47	0.8526	0.8714	0.9629	0.6868	0.5365	0.9041

续表

序号	$\mu(y)$	$\mu(x_1)$	$\mu(x_2)$	$\mu(x_3)$	$\mu(x_4)$	$\mu(x_5)$
48	0.7465	0.9737	0.8561	0.6299	0.3426	0.9041
49	0.9311	0.9258	0.8855	0.4979	0.5870	0.0822
50	0.7740	0.9725	0.9544	0.4326	0.5046	0.2740
51	0.5122	0.8517	0.8670	0.2595	0.9137	0.2740
52	0.5376	0.9952	0.7847	0.0987	0.7756	0.9041
53	0.6239	0.9808	0.8859	0.8900	0.5843	0.9041
54	0.5122	0.9157	0.9481	0.8403	0.4090	0.0822
55	0.9734	0.869	0.8712	0.5104	0.7888	0.9041
56	0.8412	0.9491	0.8561	0.6299	0.3904	0.9041
57	0.7413	0.8881	0.8410	0.4326	0.5365	0.9041
58	0.6475	0.9647	0.9629	0.3562	0.7703	0.2740
59	0.5842	0.9761	0.8822	0.2588	0.9721	0.9041
60	0.6248	0.9479	0.8116	0.0576	0.8181	0.9041

以 x_1、x_2、x_3、x_4 和 x_5 作为 IFLS-SVM 预测模型的输入参数，以 $\mu(y)$作为 IFLS-SVM 预测模型的输出参数，构建如图 6.15 所示的基于 IFLS-SVM 的地下金属矿山采场围岩声发射信号预测模型。

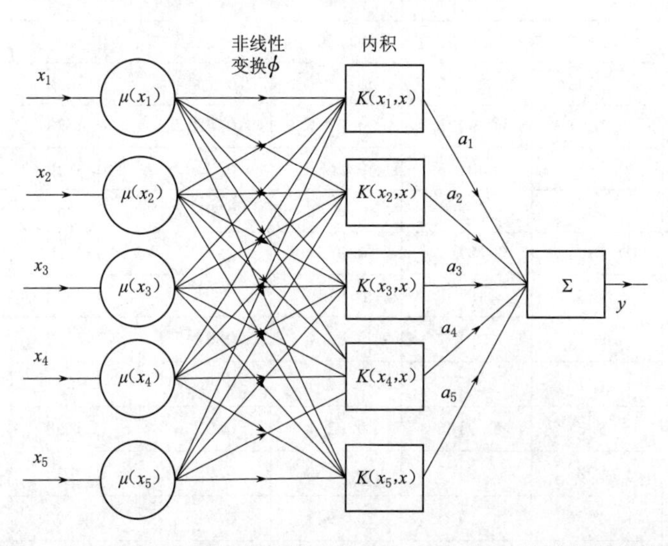

图 6.15 基于 IFLS-SVM 的地下金属矿山采场围岩声发射信号预测模型

基于 IFLS-SVM 的地下金属矿山采场围岩声发射信号预测模型训练误差，如图 6.16 所示。图 6.16(a) 表明，对于 30 个初始种群个体而言，其所

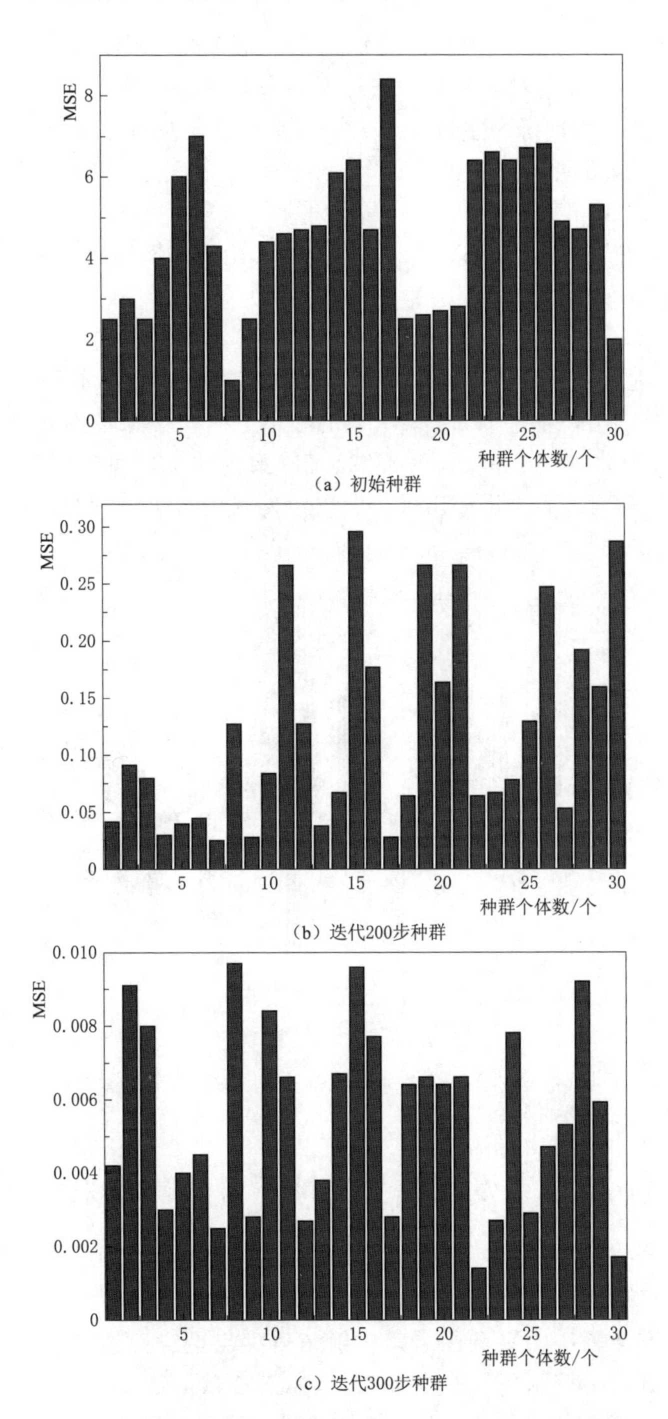

（a）初始种群

（b）迭代200步种群

（c）迭代300步种群

图 6.16 基于 IFLS-SVM 的地下金属矿山采场围岩声发射信号预测模型训练误差

对应的平均训练误差为 5.245；图 6.16(b) 表明，当优化 200 步后，得到的 30 个种群个体所分别对应的平均训练误差为 0.0648；图 6.16(c) 为迭代 300 步后所对应的平均训练误差为 0.0645，最小训练误差约为 0.063。与初始种群训练误差相比，第 200 步后的 30 个种群个体训练误差下降幅度很大，大多数个体已趋于饱和。

最终得到基于 IFLS-SVM 的地下金属矿山采场围岩声发射信号预测模型的正则化参数 C 以及核参数 σ 的最优值分别为 $C=58$，$\sigma=0.8$。

采用表 6.5 中的后 30 组输入参数的模糊样本训练集进行地下金属矿山采场围岩声发射信号预测研究，预测值与实测值的相对误差如图 6.17 所示。由图 6.17 可以看出，基于 IFLS-SVM 的地下金属矿山采场围岩声发射信号预测模型测试误差在 $-1.932\%\sim2.224\%$ 范围内波动，可见采用基于 IFLS-SVM 预测模型对地下金属矿山采场围岩声发射信号进行预测时，可满足较高的预测精度。

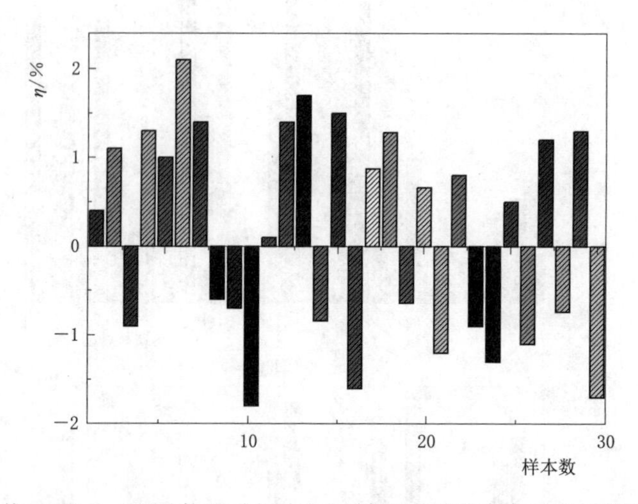

图 6.17 基于 IFLS-SVM 的地下金属矿山采场围岩声发射信号预测模型测试误差

6.3 基于声发射信号的地下金属矿山采场围岩失稳灾变预警分析实现

6.3.1 地下金属矿山采场围岩声发射信号尖点型灾变模型

Thom 证明，控制参数不超过四维，状态参数不超过三维的系统，只有七种灾变形式，但常用的是相空间为三维势函数的尖点型灾变模型。该尖点型灾变模型可为地下金属矿山采场围岩声发射信号灾变不连续现象问题的解决提供很好的理论基础。

地下金属矿山采场围岩声发射信号尖点型灾变模型的正则函数形式为

$$V(y)=y^4+uy^2+vy \tag{6.47}$$

式中：y 为地下金属矿山采场围岩声发射信号；u、v 为控制变量。

地下金属矿山采场围岩声发射信号尖点型灾变模型的临界点为 $V'(y)=0$ 的解的集合为平衡曲面，即

$$4y^3+2uy+v=0 \tag{6.48}$$

设地下金属矿山采场围岩声发射信号状态由 y、u、v 为坐标的三维空间的一点来表示，并称该点为地下金属矿山采场围岩声发射信号尖点型灾变模型相点，则地下金属矿山采场围岩声发射信号尖点型灾变模型相点必定总在 $V'(y)=0$上，即位于顶叶或底叶，因为中叶对应于地下金属矿山采场围岩不稳定状态。

地下金属矿山采场围岩声发射信号尖点型灾变模型平衡曲面的临界点的集合（奇点集）可表示为

$$12y^2+2u=0 \tag{6.49}$$

由式（6.48）和式（6.49）可消去 y，得地下金属矿山采场围岩声发射信号尖点型灾变模型的判别式为

$$\Delta=8u^3+27v^2 \tag{6.50}$$

$\Delta=0$ 的地下金属矿山采场围岩声发射信号尖点型灾变模型控制点（u,v）的点集，称为地下金属矿山采场围岩声发射信号尖点型灾变模型分歧点集。当地下金属矿山采场围岩声发射信号尖点型灾变模型控制点（u,v）发生变化，相应点在地下金属矿山采场围岩声发射信号尖点型灾变模型平衡曲面上相应变化，但当地下金属矿山采场围岩声发射信号尖点型灾变模型控制点轨迹越过分歧点集 $8u^3+27v^2=0$ 时，相应点必经过中叶产生跳跃，即地下金属矿山采场围岩声发射信号失稳，即：若 $\Delta>0$，地下金属矿山采场围岩声发射信号稳定；②若 $\Delta=0$，则地下金属矿山采场围岩声发射信号处于临界状态；③若 $\Delta<0$，地下金属矿山采场围岩声发射信号发生灾变。

对于地下金属矿山采场围岩声发射信号尖点型灾变模型尖点型灾变模型的正则函数 $V(\delta)$，利用泰勒级数展开，并截尾至 4 次项有

$$V(\delta)=w_0+w_1\delta+w_2\delta^2+w_3\delta^3+w_4\delta^4 \tag{6.51}$$

令 $y=\delta-w_3/(4w_4)$，消去式（6.51）中的 3 次项和常数项 w_0，可得

$$u=-6[w_3/(4w_4)]^2+w_2/w_4$$

$$v=8[w_3/(4w_4)]^3+w_1/w_4-2[w_3/(4w_4)]w_2/w_4$$

则可得到式（6.47）所示的地下金属矿山采场围岩声发射信号尖点型灾变模型尖点型灾变模型的正则函数形式，因此，式（6.51）和式（6.47）是微分

同胚变换。

6.3.2 地下金属矿山采场围岩声发射信号尖点型灾变模型的正则函数拟合

将经 IFLS－SVM 预测模型预测后的地下金属矿山采场围岩声发射信号 $y_i(i=1,2,\cdots)$代入式（6.51）可求得常系数 w_0、w_1、w_2、w_3 和 w_4，并应用函数链神经网络拟合法求出，并进而求出 u、v 和 Δ 值，具体过程如下：

假设采用如图 6.18 所示的函数链神经网络，对经 IFLS－SVM 预测模型预测后的地下金属矿山采场围岩声发射信号 $y_i(i=1,2,\cdots)$进行拟合，其预测输出值 $Y(y_i)$可以用一幂级数四次多项式描述，则

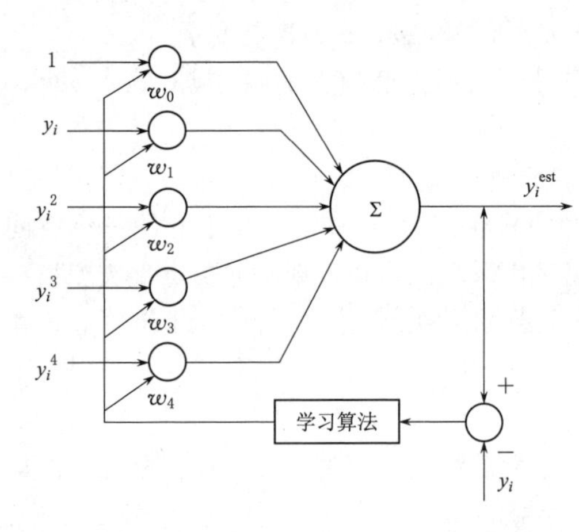

图 6.18 函数链神经网络

$$Y(y_i)=w_0+w_1y_i+w_2y_i^2+w_3y_i^3+w_4y_i^4 \tag{6.52}$$

图 6.18 中 $w_j(j=0,1,2,3,4)$为网络的连接权值。连接权值的个数与反非线性多项式的阶数相同，即 $j=4$，即函数链神经网络的输入值为 1，y_i，y_i^2，y_i^3，y_i^4。

函数链神经网络的输出值 $y_i^{\text{est}}(k)$ 为

$$Y_i^{\text{est}}(k)=\sum_{j=0}^{4}y_i^jw_j(k) \tag{6.53}$$

式中：$w_j(k)$ 为第 k 步时的权值，且 $w_j(k+1)=w_j(k)+\eta_ie_j(k)y_i^j$，$e_j(k)=Y_i-y_i^{\text{est}}(k)$；$\eta_i$ 为学习因子，它的选择影响到迭代的稳定性和收敛速度，取 $\eta_i=1-k/M$，M 为最大迭代次数；Y_i 为地下金属矿山采场围岩声发射信号第 i 个预测值对应的实际测量值。

函数链神经网络的输出值 $y_i^{\text{est}}(k)$ 与状态变量第 i 个预测值对应的实际测量值 Y_i 进行比较，经函数链神经网络学习，求出函数链神经网络的输出估计值与我国地下金属矿山采场围岩声发射信号第 i 个预测值对应的实际测量值 Y_i 均方差在全局范围内的最小值为

$$\min\sum_{i=1}^{N}[y_i^{\text{est}}(k)-y_i]^2=\min\sum_{i=1}^{N}\left[\sum_{j=0}^{4}y_i^jw_j(k)-y_i\right]^2 \tag{6.54}$$

即该最小值是关于权值 w_0，w_1，w_2，w_3 和 w_4 的函数。一般而言，权值 w_0、w_1 为同一数量级，w_2 比 w_1 至少低一个数量级，w_3 比 w_2 和 w_4 比 w_3 均相应低较多的数量级。所低的数量级由地下金属矿山采场围岩声发射信号非线性特性的非线性程度确定。

6.3.3 基于声发射信号的地下金属矿山采场围岩失稳灾变预警分析实例

某地下铅锌矿一矿区采用下向胶结充填采矿法，随着采矿作业的进行，采场围岩稳定性问题日趋突出。为保证采矿作业的安全，采用声发射技术对采场围岩稳定性进行测试，同时采集锚杆应力 σ、围岩声波纵波速度 u、围岩应力 p、围岩变形 s_0 和围岩强度应力比 π 等参数数据。为建立适合这类地质和开采条件矿岩破坏过程的声发射特征预测模型，同时消除声发射源与测试点距离的影响，每天测试为同一时间、同一地点进行。

现以 20 采场围岩为例，根据其工程地质条件，采用声发射事件表征进路顶板岩体状态，同时并获取锚杆应力 σ、围岩声波纵波速度 u、围岩应力 p、围岩变形 s_0 和围岩强度应力比 π 等参数数据。表 6.6 是 2015 年 10 月 20 日采场在一定时期内测得的声发射参数值和锚杆应力 σ、围岩声波纵波速度 u、围岩应力 p、围岩变形 s_0 和围岩强度应力比 π 等参数数据。

表 6.6 某地下金属矿山 20 采场围岩监测数据值

监测日期	10月21日	10月22日	10月23日	10月24日	10月25日	10月26日	10月27日	10月28日
AE值/(次/分)	3.1	2.2	4.9	6.1	7.5	11.6	15.5	19.7
锚杆应力 σ/kN	0.568	0.694	0.804	0.847	0.978	1.143	1.167	1.254
围岩声波纵波速度 u/(km/s)	4.9224	4.8624	4.6743	4.4976	4.2946	3.9985	3.7045	3.4186
围岩应力 p/MPa	29.54	30.35	31.54	31.33	32.33	33.37	34.13	34.88
围岩变形 s_0/mm	0.0443	0.0565	0.0589	0.0618	0.0678	0.0735	0.0795	0.0813
围岩强度应力比 π	5	5	5	5	5	5	5	5

将本书提出的 IFLS－SVM 预测方法（用 F_2 表示）的预测结果与采用单纯函数链神经网络预测方法（用 F_1 表示）的预测结果进行对比，具体情况见表 6.7。从表 6.7 可以看出，单纯函数链神经网络预测方法和本书提出的预测模型的预测精度都较高，均能满足非线性的预测要求，但本书提出的 IFLS－SVM 预测方法的预测误差更小，具有更高的预测精度。

表 6.7 地下金属矿山采场 20＃进路声发射参数值和预测值

时 间	AE值/(次/分)	模型预测值/(次/分)			
		F_1	预测误差	F_2	预测误差
10月21日	3.1	3.1	0	3.1	0
10月22日	2.2	2.6	0.4	2.5	0.3
10月23日	4.9	4.4	−0.5	5.2	0.3

续表

时　间	AE值/(次/分)	模型预测值/(次/分)			
		F_1	预测误差	F_2	预测误差
10月24日	6.1	5.6	−0.5	6.3	0.2
10月25日	7.5	8.0	0.5	7.7	0.2
10月26日	11.6	11.7	0.1	11.8	0.2
10月27日	15.5	14.9	−0.2	15.8	0.3
10月28日	19.7	19.1	−0.6	20.1	0.4
10月29日		23.3		23.7	
10月30日		27.2		27.9	

将表6.7中单纯函数链神经网络预测方法和本书提出的IFLS-SVM预测方法所得到的声发射参数预测值，代入突变模型的微分同胚变换式（6.51），并应用函数链神经网络拟合法求出其权重系数，可进一步求出u、v和Δ值，具体结果见表6.8。

表6.8　　地下金属矿山采场围岩失稳灾变预警结果

时　间	Δ值评价	
	F_1	F_2
10月26日	1.2813×10^4	1.3144×10^4
10月27日	2.6464×10^4	3.1554×10^4
10月28日	5.5743×10^4	6.4965×10^4
10月29日	1.0119×10^5	1.2207×10^{-4}
10月30日	2.4414×10^{-4}	-3.6621×10^4

根据结论可知，地下金属矿山采场围岩声发射信号时间序列的有效预测时间长度为2，由表6.8中Δ值评价可知，本书提出的预测模型预报2015年10月30日出现$\Delta<0$（而Yan等的预测方法中预报10月30日出现$\Delta>0$），说明10月30日可能会出现采场冒顶，因而作出了预报。实际情况是，10月30日凌晨距监测点4.2m远处出现了一次大冒落，体积达23.5m^3，由于事先作出了预报，人员设备及时撤离了现场，避免了一场安全事故的发生，这说明本书提出的预测模型的预报结果与实际情况十分吻合。

6.4 本章小结

（1）结合模糊最小二乘支持向量机理论、自适应遗传算法以及灾变理论，建立了地下金属矿山采场围岩失稳灾变预警模型，并对某地下铅锌矿采场围岩失稳灾变进行了预报。应用结果表明，该预测模型能满足非线性的预测要求，并具有较高的预测精度。

（2）基于自适应遗传算法的模糊最小二乘支持向量机预报模型建模数据少，计算简便，预测结果精度较高，方法简便，易于实际应用，具有广泛的适用性，为更合理、准确地对地下金属矿山采场围岩失稳灾变进行预警分析提供了新方法。

本章参考文献

[1] ZUO H Y，LUO Z Q，GUAN J L，et al. Multidisciplinary design optimization on production scale of underground metal mine [J]. Journal of Central South University，2013，20（5）：1332－1340.

[2] ZUO H Y，LUO Z Q，WANG Y W. Nonlinear Fitting Characteristics Analysis on Prediction Model of Adaptive Variable Weight Fuzzy RBF Neural Network [J]. Journal of Information & Computational Science，2013，10（11）：3239－3252.

[3] LUO Z Q，ZUO H Y，JIA N，et al. Instability identification on large scale underground mined－out area in the metal mine based on the improved FRBFNN [J]. International Journal of Mining Science and Technology，2013，31（6）：821－826.

[4] 鄂加强．智能故障诊断及其应用 [M]. 长沙：湖南大学出版社，2006.

[5] 桑海峰，王福利，何大阔，等．基于最小二乘支持向量机的发酵过程混合建模 [J]. 仪器仪表学报，2006，27（6）：629－633.

[6] LIN C F，WANG S D. Fuzzy support vector machines [J]. IEEE Transactions on Neural Networks，2002，13（2）：464－471.

[7] JIANG X F，YI Z，LV J C. Fuzzy SVM with a new fuzzy membership function [J]. Neural Computing and Application，2006，15：268－276.

[8] LESKI J M. An epsiv margin nonlinear classifier based on fuzzy if－then rules [J]. IEEE Transactions on Systems，Man，and Cybernetics，Part B：Cybernetics，2004，34（1）：68－76.

[9] 张英，苏宏业，褚健．基于模糊最小二乘支持向量机的软测量建模 [J]. 控制与决策，2005，20（6）：621－624.

[10] WANG Y Q，WANG S Y，LAIK K. A new fuzzy support vector machine to evaluate credit risk [J]. IEEE Transactions on Fuzzy Systems，2005，13（6）：820－831.

[11] 刘畅，孙德山．模糊支持向量机隶属度的确定方法 [J]. 计算机工程与应用，2008，44（11）：41－42，46.

[12] 张翔，肖小玲，徐光祐．模糊支持向量机中隶属度的确定与分析 [J]. 中国图象图形学报，2006，11（8）：1188－1192.

[13] 张秋余，竭洋，李凯．模糊支持向量机中隶属度确定的新方法 [J]. 兰州理工大学学报，2009，35（4）：89－93.

[14] 桑博德．灾变理论入门 [M]. 凌复华，译．上海：上海科学技术文献出版社，1983.

[15] 肖盛燮．灾变链式理论及应用 [M]．北京：科学出版社，2006.

[16] 李士勇．非线性科学及其应用 [M]．哈尔滨：哈尔滨工业大学出版社，2011.

[17] 左红艳．机电产品出口贸易复杂性分析及其风险预警预报研究 [M]．长沙：中南大学出版社，2016.

[18] YAN Z，WANG Z，XIE H. The application of mutual information - based feature selection and fuzzy LS - SVM - based classifier in motion classification [J]. Computer Methods and Programs in Biomedicine，2008，90 (3)：275 - 284.

[19] NIETO P J G，GARCÍA - GONZALO E，LASHERAS F S，et al. Hybrid PSO - SVM - based method for forecasting of the remaining useful life for aircraft engines and evaluation of its reliability [J]. Reliability Engineering & System Safety，2015，138：219 - 231.

第7章 结论与展望

7.1 结　论

经济的全球化必然促使我国金属矿资源市场全面融入国际市场，世界金属矿资源市场的变化及国际金属矿资源开采形势的发展对我国金属矿资源企业生存与发展有着巨大影响，因此，我国金属矿资源企业生存与发展已面临着前所未有的挑战。对于我国地下金属矿山来说，减小因安全事故带来的损失，降低安全管理费用和生产成本，提高地下金属矿资源开采的盈利水平是关键的因素。因此，如何有效地找到一种可较准确预警预报地下金属矿山采场围岩稳定性的方法显得十分必要。

模糊分类方法、经验模态分解方法、递归图理论、模糊灰色关联分析、灾变理论、模糊最小二乘支持向量机理论等非线性科学理论与方法，在解决上述问题时具有独特的优越性，并可望为上述问题的解决提供一条新途径。

为此，以国家“十一五”科技支撑计划课题——金属矿大范围隐患空白调查及事故辨识关键技术研究（2007BAK221304－12）和国家自然科学基金项目——金属矿山采场冒顶声发射信号混沌辨析及其智能预报研究（51274250）为依托，重点对地下金属矿山采场围岩声发射信号分类辨识、基于改进EMD的地下金属矿山采场围岩声发射信号降噪处理、地下金属矿山采场围岩声发射信号混沌特性研究、地下金属矿山采场围岩声发射信号影响特性关联分析和基于声发射信号的地下金属矿山采场围岩失稳灾变预警分析等进行了研究[1-11]，取得主要研究成果与创新点如下：

（1）为克服模糊分类器对噪声点和异常点的敏感性，以双边高斯隶属度函数参数为约束条件，以模糊分类有效性指标和模糊分类正确样本数为适应度函数的子目标，建立了基于改进混沌免疫算法的Mamdani模糊分类器，并用Iris数据库进行了仿真实验和对地下金属矿山采场围岩声发射信号进行了分类识别。结果表明，基于改进混沌免疫算法的Mamdani模糊分类器能有效提高带噪声点和异常点数据集分类的预测精度，对地下金属矿山采场围岩声发射信号及干扰信号分类精度为90.00％，可实现对地下金属矿山采场围岩声发射信号及干扰信号的准确诊断。

（2）为提高地下金属矿山采场围岩声发射信号检测精度，提出了一种可用于地下金属矿山采场围岩声发射信号去噪声处理的改进 EMD 方法，该方法先将地下金属矿山采场围岩声发射信号进行经验模态分解，然后通过确定高通滤波器、低通滤波器和带通滤波器所组成的滤波器组的滤波等级而选择相应滤波器进行滤波，最后将剩余 IMF 分量进行重构得到去噪声处理后的地下金属矿山采场围岩声发射信号。仿真与使用结果表明，改进 EMD 方法的去噪声误差较小，重构后的地下金属矿山采场围岩声发射能率信号能较好地反映地下金属矿山采场围岩声发射能率信号的真实趋势。

（3）为辨析地下金属矿山采场围岩声发射能率信号时间序列的非线性特性，建立了可揭示递归图特征量（主要包括递归率 P_{RR}，确定性 P_{DET}，平均对角线长度 L，分叉性 DIV）与最大 Lyapunov 指数之间的关系的递归图分析方法，并采用 Logisitc 模型对递归图特征量可表征混沌特性的有效性进行了相关检验。据此辨析了地下金属矿山采场围岩声发射能率信号时间序列的递归图特征量变化规律，结果表明，地下金属矿山采场围岩声发射能率信号时间序列确实具有混沌特性，影响地下金属矿山采场围岩声发射信号时间序列的系统内部因素最多可达 6 个，最少不会少于 4 个，且其有效预测时间长度为 2。

（4）针对地下金属矿山采场围岩稳定性和地下金属矿山采场围岩声发射信号具有的不确定性、模糊性与灰色性，采用模糊理论和灰色关联理论相结合方法建立了改进的模糊灰色关联分析模型，并对地下金属矿山采场围岩稳定性和地下金属矿山采场围岩声发射信号影响因素进行了模糊灰色关联分析，得出了各影响因素对地下金属矿山采场围岩稳定性和地下金属矿山采场围岩声发射信号的影响程度及各影响因素间的关联程度，为地下金属矿山采场围岩稳定性预警分析提供了重要的前提条件。

（5）结合模糊最小二乘支持向量机理论、自适应遗传算法以及灾变理论，建立了地下金属矿山采场围岩失稳灾变预警模型，并对某地下铅锌矿采场围岩失稳灾变进行了预报。应用结果表明，该预测模型能满足非线性的预测要求，并具有较高的预测精度，为更合理、准确地对地下金属矿山采场围岩失稳灾变进行预警分析提供了新方法。

7.2 展　　望

（1）地下金属矿山采场围岩失稳灾变声发射定位机理研究。考虑到地下金属矿山采场围岩声发射信号衰减较快，故综合研究地下金属矿山采场围岩声发射空间分布规律和岩石介质中声发射信号衰减方程，采用基于函数链神经网络自拟合法和 Geiger 法的联合定位算法进行地下金属矿山采场围岩声发射定位计算，结合灾变理论对地下金属矿山采场围岩失稳灾变声发射定位机理进行有效剖析。

（2）地下金属矿山采场围岩微震信号和声发射信号协同监测机理研究。由于地下金属矿山采场围岩声发射信号频率较高（在 10^3 Hz 以上），而岩石破裂尺度却和频率成反比。当岩体小尺度破裂所产生的声发射信号在经历较远传播距离后衰减严重，而岩体微震信号的频率范围较低（在几百赫兹以下），适合较大范围岩体监测。因此，采用大范围微震监测和小范围声发射监测相结合的方法，并对地下金属矿山采场围岩微震信号和声发射信号协同监测机理进行有效研究，其研究结果将具有十分广阔的工程前景。

本章参考文献

[1] ZUO H, LUO Z, GUAN J, et al. Identification on rock and soil parameters for vibration drilling rock in metal mine based on fuzzy least square support vector machine [J]. Journal of Central South University, 2014, 21 (3): 1085 - 1090.

[2] ZUO H, LUO Z, WU C. Classification identification of acoustic emission signals from underground metal mine rock by ICIMF classifier [J]. Mathematical problems in engineering, 2014, 2014: 1 - 9.

[3] ZUO H, LUO Z, WU C. Research on classification effectiveness of the novel Mamdani fuzzy classifier [J]. Applied Mechanics and Materials, 2014, 511 - 512: 871 - 874.

[4] ZUO H, LUO Z, GUAN J, et al. Multidisciplinary design optimization on production scale of underground metal mine [J]. Journal of Central South University, 2013, 20 (5): 1332 - 1340.

[5] ZUO H, LUO Z, WANG Y. Nonlinear Fitting Characteristics Analysis on Prediction Model of Adaptive Variable Weight Fuzzy RBF Neural Network [J]. Journal of Information & Computational Science, 2013, 10 (11): 3239 - 3252.

[6] LUO Z, ZUO H, JIA N, et al. Instability identification on large scale underground mined - out area in the metal mine based on the improved FRBFNN [J]. International Journal of Mining Science and Technology, 2013, 31 (6): 821 - 826.

[7] 罗周全，左红艳，汪伟，等．小时滞影响下地下金属矿山开采人机安全系统动态演化机理辨析 [J]. 中国有色金属学报，2016，26 (8)：1711 - 1720.

[8] 罗周全，左红艳，吴超，等．基于改进 EMD 的地下金属矿山采场围岩声发射信号去噪声处理 [J]. 中南大学学报（自然科学版），2013，44 (11)：4694 - 4702.

[9] WANG Y, LUO Z, ZUO H. The Analysis and Correction of Sampling Bias of Dis-

continuity Orientation Caused by Linear Sampling Technique [J]. Advanced Materials Research，2013，690 - 693：3580 - 3585.

[10] 左红艳. 机电产品出口贸易复杂性分析及其风险预警预报研究 [M]. 长沙：中南大学出版社，2015.

[11] 左红艳，罗周全. 地下金属矿山开采过程人机环境安全机理辨析与灾害智能预测 [M]. 北京：中国水利水电出版社，2014.